W I Z A R D

市場ベースの経営

GOOD PROFIT

価値創造企業

コーク・インダストリーズの真実

How Creating Value
for Others Built
One of the World's
Most Successful Companies

by Charles G. Koch

チャールズ・G・コーク［著］
長尾慎太郎［監修］
山下恵美子［訳］

Pan Rolling

Good Profit : How Creating Value for Others Built One
of the World's Most Successful Companies
by Charles G. Koch

This translation published by arrangement with Crown Business,
an imprint of the Crown Publishing Group, a division of Penguin Random House,
LLC through Japan UNI Agency, Inc., Tokyo

監修者まえがき

本書はコーク・インダストリーズのＣＥＯ（最高経営責任者）、チャールズ・コークによる〝Good Profit : How Creating Value for Others Built One of the World's Most Successful Companies〟の邦訳である。コーク・インダストリーズは非上場企業としてカーギルに次ぐ世界で二番目の大きさを誇り、チャールズと弟で副社長のデビッド・コークはともに、世界長者番付で一〇位以内に入る資産家である。チャールズは三二歳で父親から受け継いだ石油関連企業を、そのたぐいまれなリーダーシップと「市場ベースの経営（ＭＢＭ）」と彼が呼ぶアプローチによって、一万倍の規模の大企業に育て上げた。その詳細と経緯を自ら明らかにしたのがこの本である。

一般に、成功した経営者が書いた自伝的な読み物は、後付けの恣意的な解釈や都合の良い箇所だけを切り取った記述に終始したり、なかには本人ではなく代筆者が書いたのではないかと疑われるものもあるが、本書は明らかにそれらとは趣を異にしている。これを読めば、チャールズが強い意志を持った博学で聡明な人物であること、そして哲学と理念を有する経営者が専心すれば、企業は短期間でこれほどまでに成長できるという事実に驚かされることになる。

さて、私たちが本書から学べることの一つにオペラント・リソースの重要性がある。タンジブルなオペランド・リソースであるヒト・モノ・カネはコストがかかり有限であるのに対し、情報や知識といったインタンジブルなリソースは、そのオペランド性ゆえに価値創造において無限のレバレッジ可能性を備える。一般的な認識とは違い、企業の業績は経営戦略の優劣のみによって決まるのではなく、固有の文化や組織の構造のような数字に表れない要素が生産性を大きく左右するのである。コーク・インダストリーズの興隆は、非上場企業であるゆえの合理的な意思決定や行動に原因の断片を求めることができるが、成功の真の理由は、科学的根拠に基づいたイノベーションによって創造的破壊を繰り返したことにある。本書が、企業経営にかかわるエグゼクティブ（およびその候補者）並びに経営学専攻の学究だけではなく、この社会の未来をより良いものに変えていこうとするすべての人々に読まれることを切に願うものである。

翻訳にあたっては以下の方々に心から感謝の意を表したい。まず翻訳者の山下恵美子氏には、正確で分かりやすい訳出を行っていただいた。そして阿部達郎氏は丁寧な編集・校正を行っていただいた。また本書が発行される機会を得たのはパンローリング社社長の後藤康徳氏のおかげである。

二〇一六年九月

長尾慎太郎

本書を四三年間連れ添ってきた妻、リズに捧げる。
愛情にあふれ、いつも私を支えてくれ、賢明で、洞察力に満ち、
勇気があり、常に喜びを与えてくれる素晴らしい女性――。
世界中を探しても、彼女ほど素晴らしい連れ合いを
見つけることはできないだろう。

目次

第1部

序章　ウィン・ウィンの哲学

「共通の具体的な目的についての合意を必要とせずに、ただ抽象的な行動ルールに従いさえすれば、人びとが平和裏に、しかも互いに有益になるように一緒に生活できるという可能性は、おそらくは人類史上最大の発見であった」

――F・A・ハイエク（『法と立法と自由』〔春秋社〕）

「平和」と「互いに有益になる」という概念は、市民が自発的に参加する市民社会にとって不可欠な概念であり、個人レベルではあなたや私の成功にとって不可欠である。「抽象的な行動ルール」もまた、ノーベル経済学賞を受賞したフリードリッヒ・ハイエクが称賛する概念だ。これらの概念は、私の企業経営のフレームワークの目標を端的に表している。人に指示されることなく、詳細なルールもなく、だれもがなすべき正しいことを知り、それを行うように動機づけられる――これが私の企業経営の目指すものである。
コーク・インダストリーズのＣＥＯ（最高経営責任者）として、他人がより豊かに暮らせるように手助けをすることで自らを助けるという理念を持った人々と働くことができることを、私は誇りに思っている。私が追求し続けるのは、「良い利益」と呼ばれる利益だけである。「良い利益」とは、大きな利益や高いＲＯＣ（資本利益率）、あるいはどんな手段を使っても多くの利益を上げることではない。良い利益とは、「理念を持った起業家精神」――つまり、少ないリソースを使い、常に法に従って誠実に行動しながら、顧客に対して優れた価値を創造すること――から生まれるものである。良い利益とは、政府による企業助成政策や人をだますことから生まれるものではなく、社会に貢献することで生まれるものである。

顧客にとっての最大の価値は、本章の冒頭で述べたハイエクのシナリオによって創造される。つまり、社員を「抽象的な行動ルール」にのみ従わせ、彼らの自由を最大化することで、顧客に対して最大の価値が創造されるということである。コーク・インダストリーズの成功は、こうした経営スタイルから生まれたものである。

一九九〇年初期、コーク・インダストリーズがイタリアのベルガモの近くにある金属製造工場に「市場ベースの経営（ＭＢＭ。Market-Based Management）」フレームワークを取り入れようとしたとき、労働組合の幹部たちは不安を感じた。「これはアメリカではうまくいくかもしれないが、イタリアではうまくいかない。ここでは、経営者が考え、労働者は働くだけだ。

図１　コークとS&P500の成長の比較

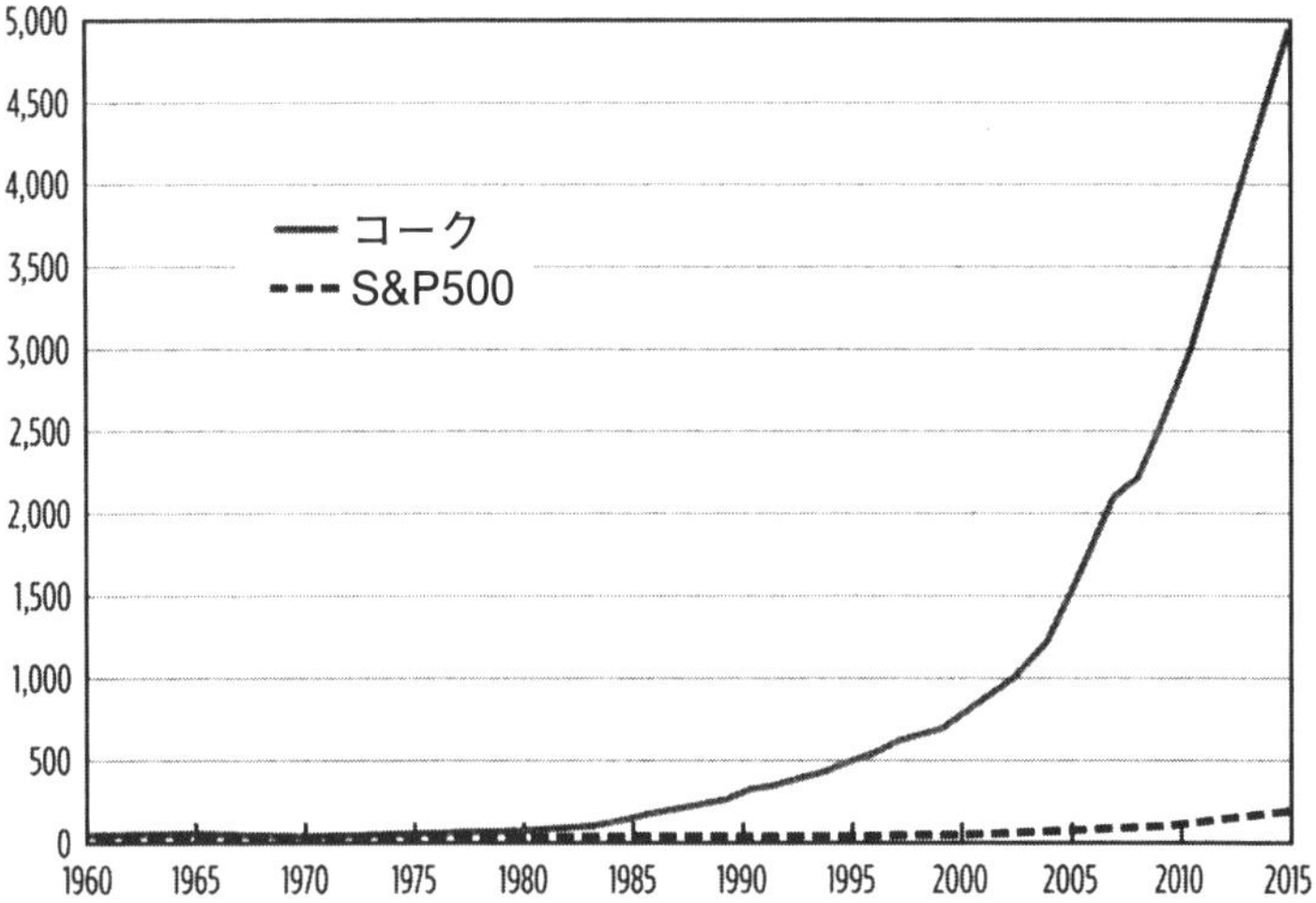

あなた方は私たちに経営者の仕事をやれと言っているのか」と彼らは言った。しかし、このメンタリティーこそが、個人の成功や幸福や進歩や達成感を阻害するものなのである。

私たちは企業というものをウィン・ウィンの関係で考えるのが好きだ。これは、一九六〇年代半ばにＭＢＭのフレームワークを開発したときの基本となった哲学である。このフレームワークのおかげで、コークは大きな成長を遂げることができた。一九六一年には二一〇〇万ドルの企業価値しかなかった会社を、二〇一四年には一〇〇〇億ドルの規模にまで成長させるのに、このフレームワークは必要不可欠だった（この一〇〇〇億ドルという数字は、弟と私の純資産から『フォーブス』誌が推定したもの）。

図1を見ると分かるように、一九六〇年に私たちの会社に一〇〇〇ドル投資していれば、今では簿価で言えば五〇〇万ドルになっていただろう（配当を再投資するものとする）。S＆P五〇〇に投資するよりも二七倍も大きなリターンが得られたのである。

注目してもらいたいのは、私たちの企業は社員一〇万人以上を抱える大企業になってからも企業価値が伸び続けているという点だ。これは大企業においては極めてまれなケースである。例えば、『フォーブス』がアメリカの一〇〇大企業のリストを初めて作ったのは一九一七年のことだ。九六年後、今も独立して存続している企業は一三社しかなく、一〇〇大企業に名を連ねている企業は七社しかない。資産があり能力があるにもかかわらず、アメリカの大企業のほとんどは競争を勝ち抜くことができなかったのだ。

コークの秘密とはなんだろう。それはＭＢＭ、市場ベースの経営だと私は思っている。これはわが社独自の企業経営のフレームワークで、私たちはこの経営システムによって半世紀にわたる激動の時代を生き抜いてきた。

私たちがこのフレームワークの開発を始めてから数十年の間、エネルギー価格は周期的に上下動を繰り返し、国際競争は激化し、世界の地政学地図は塗り替えられ、規制と告訴の嵐が吹き荒れ、新しいテクノロジーによって産業やビジネスは様変わりし、イノベーションは加速したが、ＭＢＭのおかげで私たちはこれらのすべてを乗り切ることができた。しかも、常に「良い利益」を上げながら。良い利益が素晴らしいのは、顧客との自発的で互いに有益な関係によってもたらされるものだからである。私たちは、政府に対してロビー活動を行って、私たちが売るものを支援してもらったり、何らかの政府補助を与えてもらうことはない。それは悪い利益を生むだけである。私たちは、顧客、社会、パートナー、会社に貢献するすべての社員に対して価値を創造することで利益を生みだすのである。これが良い利益である。

今後のコークのビジョンは、ＭＢＭを使って、平均して六年ごとに利益を二倍にすることである。ＭＢＭについては本書の各章で詳しく述べる。

ほかの人と同じように、私は私の家族や私自身だけが幸せになるのではなく、他人にも幸せになってもらいたいと思っている。私の家族や私がコーク・インダストリーズの成功によって恩恵を受けているのは確かだが、中国、メキシコ、インド、日本、カナダ、イギリス、ドイツ、シンガポール、ブラジル、マレーシアをはじめとする世界六〇カ国のコークの一〇万人を超える社員たちも恩恵を受けている。さらにコークの努力と発見によって、多くの価値ある製品とサービスを手ごろな価格で入手できる人々もまた恩恵を受けている。

人々は、私たちの高品質燃料（バイオ燃料も含む）を買って、仕事で使う機械に動力を与えたり、家の冷暖房に使ったり、車の燃料にしたりする。穀物の生産量を上げたり、ストレッチデニムジーンズをよりはき心地の良いものにしたり、カーペットの耐久性を上げたり、赤ん坊用のおむつをより吸収力が高く伸び縮みしやすいものにしたりする私たちのイノベーションで、生活は豊かになった。公共トイレで私たちの作るハンドドライヤーやタッチレスのソープディスペンサーを使う人はより健康的な生活を送ることができる。スマートフォンは、私たちが作る良いコネクターが内臓されたおかげで、小型化され、軽くなった。私たちは、能力のかぎりを尽くし、顧客の望みを満足させていく。そして、顧客はその価値を認め、私たちに利益をもたらしてくれる。将来的にもコークはより多くの価値を創造していくつもりだ。

二〇〇七年、私は『サイエンス・オブ・サクセス（The Science of Success）』という本を出版した。私たちの経営のフレームワークはそのなかで説明されている。本書執筆の時点におけるコーク・インダストリーズの簿価（配当調整後）は、私がウィチタに戻って父の会社に入社した一九六一年のおよそ二〇〇〇倍になっていた。前にも述べたように、今の負債・資産調整済み簿価は一九六一年当時の五〇〇〇倍である。二〇〇八年の株価の大暴落（大恐慌以来の最大の経済的不況）やその直後でも、コーク・インダストリーズの株主資本は二倍以上に増え、社員も四〇％以上増員した。

企業は政府に対して特別の計らいを求めて常にロビー活動をしているが、この不況の間、多くの企業が政府に対する圧力を強めた。彼らはこれを非常に効果的に、かつ競合他社に不利益になるようにあくどく行った。しかし、それは納税者や消費者を犠牲にすることにほかならない。ワシントンは、経済における勝者と敗者を選ぶことを好む。これは企業助成政策であり、自由や良い利益とは対極にあるものである。私は強制的に利益を得ることとの危険性について声を大にして主張してきた。なぜなら、それは市場ベースの経営哲学のアンチテーゼだからである。

ＭＢＭは、企業助成政策よりも理念を持った起業家精神を重んじ、才能よりも美徳を重んじ、ヒエラルキー（階級制）よりもチャレンジを重んじ、肩書よりも比較優位を重んじ、予算に沿った経営よりも長期的な価値創造に報酬を与えることを重んじる。ＭＢＭのおかげで、コークは社員たちに、私たちの製品とサービスから恩恵を受けている人々に、そして、私たちの効率性と創造性によって節約されたリソースから恩恵を受けている人々に、幸福を行き渡らせてきた。

顧客がどの製品やサービスを高く評価するかを決められるのは、顧客以外にいない。彼らが高く評価するものを満たすことに専念することは、彼らに敬意を払うことを意味する。これが良い利益を生みだすのである。悪い利益は、顧客に高い税金を払わせ、高い製品を買わせて、私たちの会社を助成させることによって生みだされるものだ。顧客に敬意を払わず、ほかの会社が得ていたかもしれない良い利益を吸い上げることで生まれるものだ。

私たちが、特別減税、輸入税率、輸出制限、政府補助、競争を制限する規制、救済策といった、一見、私たちにとって有益そうに思えるものも含め、政府の助成に反対するのはこのためだ。企業助成策は、イノベーションを起こし、社会に対する価値を創造するという建設的なプレッシャーからその受益者を解放し、強制力によって競争を妨害し、消費者の選択肢を制限する。

もちろん、市場が企業助成政策によってゆがめられれば、コークはこれらのゆがみに対抗して、競争力を維持しようと努力する。例えば、だれでも法によって認められている減税に便乗する。しかし、輸入税率、輸出規制、競争を制限する規制、政府補助といった助成金のほとんどは法によって守られ、選択肢はない。

私たちは、こういったゆがみを、今私たちが恩恵を受けているものも含め、すべて撤廃することを提唱する。エタノールへの政府補助や原油や天然ガスの輸出規制、輸入税率などを含めたすべての政府の助成を撤廃することを提唱する。私たちは、エタノールの生産者や米国の原油や天然ガスの大量消費者として、こうした市場のゆがみから「短期的」には利益を得ることができるかもしれない。しかし、こうしたルールは良い利益に結びつかないばかりか、「長期的」に見れば私たちの暮らしを悪くする。

人々が高く評価するものを尊重し、最大の繁栄をエンジョイできる自由社会。ニュージーランドやスイスのように、完璧ではないが、すべての人に対して個人の権限（財産権も含む）が保証されている豊かな国。こういった国では、だれもが意見を自由に表現でき、自由市場をエンジョイできる（http://www.freetheworld.com/2014/EFW2014-POST.pdf）。

自由ではない社会は繁栄しない。例えば、ベネズエラは天然資源が豊富な国だが、一四年間にわたる社会主義政府が崩壊したあとでも、食料、電気、水などの生活必需品は配給制のままだ。

古代から現在に至るまで、最高の社会、そして最高の企業は自由なフレームワークを持ち、個人が他人の生活を向上させることで自分たち自身の生活を向上させることができる社会であり企業であった。

　こうした自由社会では、起業家たちは、人々が高く評価するものを経済的手段によって満たすために、リソースをどのように使うのがベストなのかを考えることができる。例えば、電気ではなく光を使ってデータを伝送するテクノロジーが開発されたとき、データ伝送会社は電線から光ファイバーケーブルに切り替え、その結果、伝送能力とスピードは高まり、銅はほかの目的に使えるようになった。これによって、映像、音声、データを伝送するコスト、スピード、質は大幅に高まり、良い利益が生みだされた。

　人々が経済的な兆候を見て、その行動を決めることができるようになれば、他人にとってどういうものが価値を持つのかについての知識が得られ、その価値の大きさを知ることができる。これは古いシステムを新しいシステムに置き換える動機づけとなり、人々の生活は向上する。かくして世界はメーンフレームコンピューターからラップトップ、さらにはタブレットへと移行していった。これは政府による支援や補助があったからではなくて、消費者が前者よりも後者を高く評価した結果である。

　消費者が化石燃料からのエネルギーよりもソーラーパネルからのエネルギーを高く評価しているというシグナルが市場から出されれば、ソーラーエネルギー業界はかつてソリンドラが行ったように、エネルギーの消費者や納税者から補助金を求めるという政治的手段によって利益を追求する必要はなくなるだろう。どのビジネスにも言えることだが、ソーラーパワー業界も強制的な手段ではなくて、経済的手段によって利益を追求すべきである。

コークでは、常にイノベーションを推進し、古い製品、サービス、手法を、ジョージア・パシフィック（ＧＰ）のハンドドライヤーやタッチレスのソープディスペンサーのように、新しくてより良いものに置き換えることの重要性を重んじている。ジョージア・パシフィックは今、ヘルスケアワーカーに患者を治療する前に必ず手を消毒させることで感染を防ぐシステムを開発中だ。

これは、私たちが創造的破壊（第３章を参照）を推進し、そこから良い利益を生みだす一つの例である。なぜなら、病院感染の広がりを抑えることができれば、ベッド数や薬を減らすことができるからだ（どんな改善でもある人のビジネスにとっては好ましくないものがあるかもしれないが、感染が減少すれば社会全体にとっては良いことだ）。

インビスタによって開発されたナイロン製造のための優れた石油化学処理はもう一つの例である。二〇〇四年にコークが買収したインビスタは、繊維、ポリマー、化学中間物の世界最大手メーカーの一つだ。今私たちは、その処理方法のいくつかをもっと効率的なバイオロジーによる処理に置き換えて、より多くのリソースを別のところで使える方法を研究している。新しい処理方法が開発されれば、排出物を減らし、使うエネルギーは少なくて済み、副産物も減らすことができるだろう。

バイオロジーによる処理方法は、今ある工場のいくつかを閉鎖する必要に迫られ、損失を生み、組織改革も必要なため、混乱を招くかもしれない。しかし、長い目で見れば、古い工場はもっと効率的な工場に置き換える必要がある。そして、服や車や器具に安価で環境にやさしいナイロン製品が使われることで利益を得るのは、消費者であり、社会である。これは消費者のために創造された価値を共有する起業家に対して利益を生みだす。

ＭＢＭでは、消費者のまだ満たされていないニーズを理解し、それを満たす方法を見つけだすことに注力することが求められる。私たちはこれを、既存あるいは潜在的な競合他社よりも素早くかつ優れた方法で行うことができるように努力している。そのためには、販売、マーケティング、営業、流通、財務、テクノロジー、研究開発といった私たちが今持っている能力を高める努力が必要だ。またＭＢＭでは、競合他社よりも速く新しい能力を身に付けることも要求される。例えば、インビスタとジョージア・パシフィックの買収によって、私たちは消費者マーケティングを開発し、ブランド能力を高めることができた。これによって、既存ビジネスや将来的な買収への新たな機会の窓が開かれた。

私はＭＢＭの理念をほかの企業や組織と共有することが求められたときには、喜んでそうしてきた。私はほかの企業の成功が私たちの企業の成功を縮小させるとは思っていない。ＭＢＭはこれとはまったく逆で、ウィン・ウィンの関係なのである。しかし、ＭＢＭは秘密のソースレシピではない。ＭＢＭはやるべきことリストとして伝えられるものではないし、一日のセミナーを受ければ実行できる、既成概念にとらわれずに物事を考えようというスローガンでもない。

ＭＢＭは、何も達成することができないはやりの経営システムではない。経営理論家のＷ・エドワーズ・デミングはさまざまなものの改善を呼びかけるポスターがペタペタ貼られた多くの工場を見学したあと、「スローガンを捨てろ」と言った。彼にとってスローガンは、社員がすでに疑問に思っていること――経営陣は自分たちのやっていることが分かっていない――を確認するだけのものでしかなかった。デミングのシステムには多くのメリットはあるが、限定的であるため、ビジネスで成功するのに必要なすべてのものは含まれていない。

ＭＢＭは、「どのようにやるか」という質問に対する回答を示してくれるだけでなく、社会に対して最大の価値を生みだすには、会社は「何を」すべきかに対する回答も示してくれる。したがって、注意してもらいたいのは、ＭＢＭは極めてパワフルな概念だが、それをうまく応用するのは簡単ではないということである。コークで五〇年以上の年月を費やしてこれらの理念を開発・応用してきた結果分かったことは、手法を記憶するだけでは不十分で、ツールボックスの中身を学ぶだけでも不十分だということである。これらのツールを使って問題を解決するには、根底にある理念を十分に理解することが不可欠なのである。

ＭＢＭをうまく応用するには、組織内のすべてのレベルにおいてその理念を十分に習得させることが重要だ。リーダーは特にそうである。ゴルフクラブを振ったことがない人、あるいは車を運転したことがない人は、理論や教えは頭では理解できる。しかし、体が自然に動くようになるには、クラブを手に取り、あるいは座席に座り、体が覚えるまで練習する必要がある。

それが自然にできるように体に覚えこませる必要がある。ＭＢＭも同じだ。ＭＢＭのメカニズムを頭で考えることなく、行動できるようにならなければならない。

価値や起業家精神を重視するといったＭＢＭのカギとなるいくつかの特徴は、アメリカに移住して帰化した第一世代である私の父であるフレッド・コークの遺産である。叩き上げのジョン・ウェインタイプの父は、わが社の文化のコアをなすものの多くを身をもって示してくれた（これは人から教わって身に付くようなものではない）。それは勤勉さ、誠実さ、謙虚さ、学ぶことに終わりはないことの重要さである。ビジネスが軌道に乗り始めると、彼は自由時間を読書と牧場経営に費やし、質素倹約を旨とした。聡明でありながらも、自分が知らないことはすぐに認め、正直さを重んじる人物だった。彼は息子たちにこれらの価値観を伝えることに全力を尽くした。

私の一〇代のころの記事を書いた者が何人かいたが、彼らは私を反抗的で頑固者と書いた。これはまったくの作り話というわけではない。二〇代のころの私は理想主義者で、人間の問題を自由によって解決する方法を――たとえそれが過激な方法であっても――見つけようと躍起になっていた。

一九六一年に父の会社に入社したとき、私には二つの目標があった。一つは、父の会社を、真の価値を生みだし、良い利益を稼ぐことに重点を置く、革新的で信念を持った大会社に育て上げることだった。父のリーダーシップの下、会社はすでに純資産二一〇〇万ドルの会社に成長していた。しかし、私はもっと大きくできると思った。私は入社してすぐに、会社の成長についてのビジョンを打ち出した（二〇一三年には、会社は私の生涯の目標よりも七〇倍以上に成長していた）。

そしてもう一つの目標は、人々が共に生き、共に働きながら、最高の繁栄を謳歌できるような理念を発見することだった。これについては母の影響を強く受けた。母は救いの手を求めてやってくる人はだれでも助けなければならないという強い義務感を持っていた。コミュニティーに対する彼女の思いやり、それは鑑ともいうべきものである。それは私にとってアダム・スミスのビジョンを意味するものだった。

自分のためよりは、他人のためにより感じ、自分のわがままを抑制し、自分の慈悲深い愛情を行使することが、人間性の完成を導くものであり、人間世界に渦巻く感情と情念に調和をもたらすものであって、そこに人間の品位と適宜性のすべてが宿る（アダム・スミス著『道徳感情論』より）。

スミスにとって、この理想は、自分のわがままを自発的に抑制することによってのみ達成されるものだった。父は、この「人間性の完成」を抑圧しようとする共産主義がどういう結果をもたらすかを示してくれた。私は、共産主義の恐怖は彼の言うとおりだと思った。スターリンの時代にソビエトでプラント建設に携わった父は、これを目の当たりにしたのだ。しかし、一九六〇年代になって、政府の役割についての私の考えは彼のものとは異なるものになっていった。

私が父と異なる意見を持つようになったのは、ウィチタの静かな夜を読書と学習に費やすようになってからである。MIT（マサチューセッツ工科大学）での主専攻は工学だったが、数学、物理、化学も勉強した。これらを勉強することで、われわれは秩序ある宇宙の一員であり、自然世界はある原理によって支配されていることが分かってきた。生き残り、繁栄するには、人々はこれらの原理を理解し、尊重しなければならない。例えば、ニュートンの運動の第三法則は、力は必ず対になって作用する（作用・反作用の法則）ことを述べたものだ（私たちは危険を覚悟でニュートンの法則を無視する）。

私は、社会的な幸福を生みだす同じような法則はないものだろうかと考え始めた。私は関連する学問からこのテーマについて書かれているありとあらゆるものを読んだ。歴史、経済学、哲学、科学、心理学、社会学、人類学などいろいろだ。これらの学問に共通するものは、異なる社会システムがどのようにして人々の幸福を向上させたり、減退させたりするのかを説明しているという点だった。私は古代ギリシャ人や古代ローマ人のこと、中世のスコラ哲学者のこと、自由の時代であったオランダ黄金時代、大英帝国など主要な文明を懸命に学んだ。すると、物理学を無視するのと同じように、人間はどのようにすれば最善の方法で共に生き、共に働くことができるのかという基本原理を、危険を覚悟で無視するということが次第に明らかになった。

私は哲学の本を端から端まで読み漁った。そして分かったことは、私のイデオロギーは、単に現代的な意味での「保守的」とか「リベラル」というのではなくて、これらとは微妙に違った意味合いを持つということだった。

プラトン、アリストテレス、ジョン・ロック、アダム・スミス、ウィル・デュラント、カール・マルクス、ウラジミール・レーニン、ジョン・メイナード・ケインズ、カール・ポパーには、良きにつけ悪しきにつけ、強く印象づけられた。またF・A・ハーパー、フリードリヒ・ハイエク、アブラハム・マズロー、ルートヴィヒ・フォン・ミーゼス、マイケル・ポランニー、トーマス・ソウェルといった著者は、社会の幸福を支配している原理を理解するのに役立った。

私の人生を変えた最初の二冊の本のことはよく覚えている。F・A・ハーパーの『ホワイ・ウェイジズ・ライズ（Why Wages Rise）』とルートヴィヒ・フォン・ミーゼスの『ヒューマン・アクション』（春秋社）である。

『ホワイ・ウェイジズ・ライズ』のなかで、元コーネル大学の教授、〝ボールディー（はげ頭）〟・ハーパーは、社員に彼らの生産価値よりも多くの賃金を支払うように会社を強制しても、社員は裕福にはならない、それは失業を招き、生産性は低下し、みんなの幸福が損なわれるだけであると述べている。真の賃金は労働の生産性によって決まる。生産性と賃金のこの関係を弱体化させる政策は、幸福を損なうだけであると彼は言っている（作用・反作用の法則）。

賃金と生産性が食い違えば、その結果として失業が増える。この食い違いは、ハーバート・フーバーが大統領に就任してまもなく起こった世界恐慌のときがそうであったように、景気後退を恐慌へと発展させる。ハーバート・フーバー大統領は、価格が下落しているときに、雇用主に高い賃金を支払うことを強要した。賃金を強要ではなく、雇用主と従業員との自由意思による合意によって決めてこそ、人間の幸福は最大化されるのである。従業員の生産性が向上すれば、雇用主はその従業員を引きとめるためにより多くの賃金を支払う必要がある。

若かりしころに読んだ人生を変えるもう一冊の本『ヒューマン・アクション』で、ミーゼス（ニューヨーク大学客員教授）は、私有財産、一貫した法の原則、商品とサービスを自由に交換する権利に基づく自由社会は、人間の幸福、進歩、礼節、平和を最も促進するシステムであると強く主張している。

ミーゼスの最高傑作とも言える『ヒューマン・アクション』は、人間はいかにすれば共に生き、共に働くことを最高の形で達成できるかというビジョンを明確に打ち出している。彼はまず、「われわれは物事をいかにして知るのか」と「われわれは真実と正しいことをいかにして知るのか」といった基本的な質問に答えることから本書を書き始めている。

いろいろな本を読み進めていくにつれ、私は人間の幸福を広範に行き渡らせるには、私有財産権を明確に定義・保護し、人々が脅しや法的な影響を受けることなく自由に話すことができ、個人の合意や交換に干渉することなく、価格を決めるのにコストがいくらになる「べきか」という恣意的な考えではなく、人間の行動によって価格が決められるようなシステムが必要であるということを強く感じるようになった。

人々に彼らの関心事を（公正な振る舞いの範囲内で）追求させる自由を与えることが、社会を発展させる最良で唯一持続可能な方法である。個人が進歩し幸福をつかむには、他人が選んだ選択肢を強要されるのではなく、自ら選択し、過ちを犯す自由を与えられなければならない。

このことをよく理解したうえでビジネスに取り組むと、これらの原理は、私がいろいろな学問分野にまたがって学んできた社会の幸福だけではなくて、小さな社会である組織の幸福にとっての基本であることが次第に分かってきた。仕事で困難なこと（例えば、サンクコストや競争上不利な状況）に遭遇したとき、私は自由社会の原理を念頭に入れて解決の道を探した。そして私の予想どおり、社会で機能する原理は、組織でも機能することを理解するに至った。

イノベーションを起こしては、つまずいたり成功したりを繰り返しながら成長する過程で得た経験と学んだ教訓とによって、私たちの哲学とＭＢＭは進化し、改善されていった。これからもこれは続いていくだろう。

『サイエンス・オブ・サクセス』が出版されてから、コークは創造的破壊というチャレンジに情熱をもって取り組んできた。私たちはビジョンを変更し、新しいビジネスに参入し、新しい能力を構築し、革新的努力を改善・拡大してきた。社員の数を大幅に増やし、株主資本を二倍以上にした。これらはすべて会社全体を通してＭＢＭに対する理解を高めて応用した結果、可能になったものだ。

私たちはビジョンを変更しただけではない。社員の採用や管理、インターンシップ、大学との関係、軍出身者の採用、職業訓練学校との関係、報酬システム、機会創造ネットワーク、環境および安全面での優秀性を確保する方法、ＭＢＭの訓練・応用プログラムも改良した。さらに、コネクター製品やシステムのグローバルプロバイダー大手であるモレックスを買収したり、さまざまなイノベーションを通して、価値を高める新たな能力を手に入れた。本書は、『サイエンス・オブ・サクセス』には書かれていない、ＭＢＭを取り入れるための新しい概念、洞察、応用、推奨について書かれたものである。

本書が『サイエンス・オブ・サクセス』と異なる点は、ＭＢＭをあなたの組織に応用する方法について書かれている点だ。本書は、ＭＢＭとコーク――特に、私たちの成功と失敗――に対する質問（および、誤解）にも答えている。

『サイエンス・オブ・サクセス』が出版されてからも変わらないのは、私たちのＭＢＭに対する真剣な取り組みである。目標は不変だ。企業がより大きな価値を生みだし、創造的破壊を既存あるいは潜在的な競合他社よりも速くより効果的に推進することが私たちの不変の目標だ。

そのためには、社員は人から言われなくても何をやるべきかを知る必要がある。ベルガモの近くにいる私の共同経営者は、最初はこのことを理解できなかった。ＭＢＭが問題を解決し、機会をとらえる効果的なフレームワークであるためには、構造を単純化することが必要だ。私たちは数々の試行錯誤を繰り返し、ＭＢＭを五つの要素に集約した――ビジョン、美徳と才能、知識プロセス、意思決定権、インセンティブ。それぞれの特徴については詳しくは関連する章で説明するが、とりあえずここで簡単に説明しておこう。

●ビジョン　私たちのビジョンは、社会における企業の役割と私たちが信じていることに基づく。それは、リソースを効率的に使いながら、顧客が代替品よりも高く評価するような製品とサービスを提供することである。したがって、私たちは顧客と社会のためになることだけで利益を得ることができるように努力する（これを、良い利益と言う）。

●美徳と才能　スキルと知性を持つことは重要だ。私たちはその気になれば世界中から最も賢明なＭＢＡ（経営学修士）を雇うことができる。しかし、彼らが正しい価値観を持っていなければ、私たちは失敗するだろう。したがって、私たちは社員を雇うときは、正しい価値観を持っているかどうかを最も重視し、才能はその次である。

●知識プロセス　私たちが最も重視することの一つは、新しい社員は自分の意見のほうが上司の意見よりも良いと思ったら、上司には尊敬の念を持ってそれを言うことができることである。しかし、彼らには自分が言ったことを実行する義務がある。そして、管理者にはそういったチャレンジを歓迎するような文化を創造する義務がある。

●意思決定権　自分で買った物は人から借りた物よりも大事にするように、社員がその仕事は「自分のもの」だと自覚するとき、彼らは結果に対して誇りと責任を持つようになる。これによって業績は大幅にアップする。その社員の役割がそのスキルと能力にぴったりフィットしているときは特にそうである。

●インセンティブ　コークでは、部下が上司以上の価値を生みだすことができれば、上司よりも多くの報酬を得ることができる。私たちの目標は、その役割にかかわらず、社員の会社に対する貢献度を最大化するようにやる気を出させることである。

前書と本書のもう一つの違いは、本書にはこれら五つの要素を実証するケーススタディが含まれていることである。これらの実例を通して、MBMがこれらの概念をほかの経営書とは異なる意味で使っていることが明らかになるはずだ。例えば、「ビジョン」はコークにとって、目標や野心・願望を表す静的で一度かぎりの言葉ではない。これはダイナミックな概念で、変化する機会に対して私たちの能力をどのように使えば顧客や社会にとっての価値を最大化できるかを絶えず研究することで常に進化していくものだ。

一九六一年に私が父の会社に入社したとき、会社のビジョンは、集油事業をオクラホマに限定することだった。これによって私たちの重要な顧客（大手石油会社）の動揺を和らげ、資金の流動性によって父が死亡したときの相続税（遺産税）を支払うことができる（父は自分の命がもう長くないことを知っていたので、これが最大の懸念だった)。

しかし、集油ビジネスのナンバーツーであるスターリン・バーナーと私は、ビジョンをオクラホマ以外にも拡大させるように父を説得した。新しいビジョンを構築するには、トラック輸送、販売、商取引といった新たなビジネスを切り開き、大手石油会社の廃棄物を収集し、彼らをアウトパフォームできるようなニッチを見つける必要があった。のちに、顧客に対して価値を提供する新たな機会を見つけようとしたとき、集油から学んだことを、最初は天然ガス液、のちには天然ガスそのものといったほかの製品の収集に応用した。

私たちのビジョンの中心をなすこの好循環は、それ以来ずっと続いている。私たちは常に自分たちの能力を高め、新たな能力を切り開き、価値を生みだす新たな機会を模索し続けている。ほかの会社は自分たちのよく知るビジネスにのみ固執するが、私たちは違う。これがコークがほかの会社と異なる点である。

私たちのビジョンを実現するために、ほかの四つの要素も調和させながら応用する。人間の身体が臓器以外にもいろいろなもので構成されているように、MBMもこれら五つの要素以外にもいろいろなものを含んでいる。これら五つの要素とその根底にある概念を総合的に理解し、相互に強化し融和するような形で応用すれば、どういった企業も変革することができる。社員全員に彼らがここにいるのは真の価値を生みだすためであることを理解させることで、MBMは組織の活力を向上させることができる。MBMは彼らにそれをいかに成し遂げればよいのかを教え、本気に取り組む気にさせる。

本書は、逸話や流行、やるべきことを書いた長いリストなどかなぐり捨てて、彼ら自身のためだけでなく、会社や社会に対して良い利益を生みだすためにＭＢＭをどう応用すればよいのかを真剣に学びたいすべてのビジネス読者を対象とするものだ。私はすべてのビジネス読者とその会社に、コークと同じように成功を手にしてもらいたいと思っている。それは既存の秩序を打ち壊し、新たな成長を生みだす創造的破壊によって可能となる。本書は、読者にＭＢＭに対する理解と応用をさらに深めさせることができるという意味では、前書よりも優れていると思っている。貢献度を最大化し、持てる力をフルに活用し、他人に利益を与えることで自分も利益を得る。これがＭＢＭの神髄である。

本書のもう一人の重要な読者は、どうしたら成功できるのかを知りたいと思っているコークの社員――今働いている社員だけでなく、将来の社員も含む――である。すべての社員は、ＭＢＭを通じて私たちの能力を実験・向上する手助けになると私たちは思っている。本書の実例のほとんどは、社員の起こしたイノベーションと貢献についての話である。

人々を幸せにするという名目で強制的に行われるもののほとんどがその反対の結果を招く。人間の幸福を高めたいと思っている人は、本書からこのことを学ぶことで本書に価値を見いだすはずである。これをアダム・スミスは次のように言っている。「自分の利益を追求するほうが、実際にそう意図している場合よりも効率的に、社会の利益を高められることが多い」（アダム・

スミス著『国富論』第五版より）

コーク・インダストリーズの成功によって、私たちのファンだけでなく批評家の間でも、私たちがやっていること、なぜどのようにそれをやっているのかに対する関心が高まっている。社会の人々全員、特に恵まれない人々の幸福を高める市場ベースの政策を支持するように人々を教育するという私たちの努力が世の中に知られるようになるに従って、人々は私たちのやっていることをますます知りたがるようになった。

「チャールズ・コークは他人の成功をなぜそこまで気にするのか」とあなたは疑問に思うかもしれない。もちろん私たちは、コークの社員の発展と繁栄を願っている。しかし、私にとって、恵まれない人々（政府の浅はかな政策とその実行の影響を最も受ける人たち）を立ち上がらせることも同じくらい大事なことなのである。なぜ私はほかの人や企業や組織に向上してもらいたいと思っているのだろうか。それは、他人が理念を持った方法で利益を得るとき、私たち自身も利益を得ることができるからである。

ＭＢＭは、コークの成功でその実績が認められ、完全に統合され、組織のあらゆる部分に応用される一貫した有効な理論に基づくため、高い価値を持つ。コーク・インダストリーズでうまくいったのだから、ほかの組織でうまくいかないはずがない。本書は、どの業界に属しているどんな職業の人でも、長期的に真の価値を生みだしたいと願う理念を持った人々そして企業にとって役立つものであると確信している。

私たちが成功した主な理由は、私たちの市場ベースの哲学を正しく実行したからだと思っている。しかし、過去の実績は未来の成功を約束するものではない。引き続き高いパフォーマンスと良い利益を得るためには、ＭＢＭの理解と応用方法を改善し続けなければならない。

人々に彼らが高く評価するものをどのようにすればもっとよく提供できるようになるかという市場経済の実験はいまだに続いている。これと同じように、ＭＢＭも学びと改善の終わりのないプロセスである。企業と人間の幸福を高めるために、これらの原理を理解し応用したいと思っている本書のすべての読者の旅が成功に満ちたものであることを心より祈っている。

二〇一五年七月　カンザス州ウィチタにて

チャールズ・Ｇ・コーク

第1章 輝かしい達成感——父からの教訓

「輝かしい達成感というものを味わわせてあげられなかったことを深く後悔せざるを得ないだろう。でも君たちは私をがっかりさせたりはしないはずだ。逆境とは、神が隠れ蓑を着て恵みを与えてくれることであり、逆境によって素晴らしい性格が形成されることを覚えておいてほしい」

——フレッド・コーク（フレッド・コークから息子たちへの手紙。一九三六年一月二二日）

「オランダ人だってことは分かるけど、オランダ人の違いまでは分からないさ」と、私の父は自分自身についてよくジョークを言ったものだ。四角いあごをして、頑固で、不屈の精神を持つ人。これらはフレッド・コークを表現する打ってつけの言葉だ。彼は無数の冒険に身を投じた。利益の出たものもあり、そうでないものもあった。彼の父であるハリーもまた、リスクテイカーだった。彼はほとんどお金を持たずにネーデルランドから一〇代でアメリカにやって来た。「ワイルドウエスト」とはどんなところなのか。胸は期待でいっぱいだった。

オランダ人は頑固なことで有名だが、それには賛否両論ある。オランダは一五八一年、平和、寛容さ、知識、新しいアイデアを求めてスペインの統治から独立した。オランダは一七世紀の黄金時代、世界初の証券取引所を設立し、世界一の生活水準を築き上げ、芸術や科学に秀で、豊かな文化を育んだ。ヨーロッパの隣国が殺戮と貧困にあえいでいるとき、オランダが栄えたのは、自由と互いの利益を守るシステムのおかげだった。

ハリー・コークは印刷会社の見習いとしてニューヨークにやって来た。彼はミシガンやシカゴにあるオランダ語の新聞社で働きながら、英語を習得していった。仕事を求めて、ミシシッピからルイジアナ、オースティンのトリニティー、テキサスのガルベストンと移っていった。一八九一年、彼は鉄道でクアナにたどり着き、そこで印刷所と、経営難に陥っていた「チーフ」という週刊新聞社を買い上げた。クアナは非常に貧しい町で、ハリーのお客のほとんどは物々交換で新聞を買っていた。彼らは彼の新聞が提供するニュースと広告を高く評価してくれ、彼はそんなお客を大事にした。良い利益を生む実例として、「トリビューン・チーフ」となった新聞社は今でも健在だ。

ハリーはオランダのアクセントがひどくて、自分の名前（Koch）を「コッフ」と発音していた。西テキサス人の発音はカラスの鳴き声の「カー」に聞こえた。数年後のことだ。鉄道の駅で呼び出されたとき、間違って「フレッド・コーク」と呼ばれた。父は西テキサス人の呼び方が好きではなかったので、その場でその発音を採用した。これはアメリカのフォノロジーに大いに貢献した。

クアナの高校ではフレッドは学校代表のフットボールチームでプレーし、雄弁家で優等生だった。ヒューストンのライス・インスティチュート（当時のスカラーシップスクール）では学級委員に選ばれた。利益を生むリスクは常に進んで受け入れようという気概のあった彼は、初めて化学工学科が設立されたことを知り、マサチューセッツ州のケンブリッジにあるMIT（マサチューセッツ工科大学）に編入した。MITの授業料は当時およそ年に三〇〇ドルだった。テキサスからボストンに移る前、夏の間中、フレッドはニューヨークとロンドンの間を行き来する不定期貨物船のデッキの掃除夫として働いた。

化学工学はフレッド・コークにぴったりの学科だった。彼のMITでの学士論文は、メイン州バンガーにある製紙工場の環境問題に関するものだった。のちにこの製紙工場は偶然にもジョージア・パシフィック（GP）に買収された（ジョージア・パシフィックはのちにその工場は売ったが、父が夏の間働いたクアナ近くにあるアクメの石膏工場は今でもジョージア・パシフィックの所有だ）。バンガーの製紙工場によって提供された機会——廃棄物のリサイクリングとエネルギーの保全、どちらも環境改善に役立つ——は父にとって非常に重要で、コークにとっては今でも重要だ。なぜなら、それらの機会は私たちの会社とコミュニティーの相互の利益になるからである。

ＭＩＴ時代、フレッドは父のハリーにボクシングを教わり、ボクシングチームのキャプテンになった。ゴルフやフライフィッシングや狩猟を楽しみ、宝石のデザイナーでもあった私の母は、目と手の連動が素晴らしい人だったが、父のフレッドは素早い反射神経と競争心を持っていた。そんな彼は四人の息子たちにボクシングのスキルを鍛えることを奨励した。

ボクシングはオリンピックのスポーツのなかで私が好きなスポーツの一つだが、残念ながら私たちのだれ一人としてやり続けた者はいなかった。兄のフレデリックはスポーツよりも芸術を好み、ハーバード大学で人文学科を専攻し、エール大学でドラマを学んだ。私はと言えば、ラグビーが大好きで、ＭＩＴでは二度優勝したチームでプレーした。弟のデビッドとビルはＭＩＴのバスケットボールチームでプレーした。デビッドはキャプテンになり、全米代表選手になった。一九六二年、一ゲームで四一ポイントを上げるという偉業を成し遂げた。これは四六年間破られることはなかった。

大学を出ると、父はテキサコ（当時のテキサス・カンパニー）に就職し、テキサス州ポートアーサーの精油所で化学研究者として働いた。そのあと、カンザスシティーの精油プロセス開発大手であるガソリン・プロダクツ・カンパニーで化学エンジニアとして短期間働いた。

フレッドがエンジニアとして大きなチャンスを得たのは、一九二四年のことだった。ＭＩＴのクラスメートであるカール・ドゥ・ガナールが、彼の父チャールズが所有するイギリスの精油所での設計・建設の仕事を紹介してくれたのである。コーク一家と同じく、ドゥ・ガナール家も一八〇〇年代にヨーロッパからアメリカに移住し、最終的にはテキサスに定住した。

チャールズ・ドゥ・ガナールは驚くべき人物で、正直で慈悲深く卓越した起業家だった。ビジネス経験もコネもない二四歳の私の父は、彼の指導の下で働き、人生が一変した。私の父はチャールズ・ドゥ・ガナールをとても尊敬していた。彼が私にチャールズと名付けたのはそのためである。チャールズ・ドゥ・ガナールもまた私の父を尊敬していた。「フレッド・コークは世界一素晴らしい化学エンジニアだ」とチャールズ・ドゥ・ガナールは何年もあとにこう書いている。「私の知り合いで、彼ほど優れた頭脳を持った若者はいない」（チャールズ・ドゥ・ガナールから息子のカールへの手紙［一九三〇年四月二六日付。この手紙は『The Life and Letters of Charles Francis de Ganahl』〔一九四九年〕に掲載されている］と、ウィルソン・クロスへの手紙［一九三三年三月一七日付。前書の第二巻］）

私の父は質の高い人々に引き寄せられ、彼らに好印象を与えた。質の高い人々とは、裕福なドゥ・ガナール家や、父と祖父が頑固な油田建設者だったスターリン・バーナーなどが含まれる。父は社会的な地位にはこだわらなかった。彼はだれをも自分の価値観で判断した。それはおそらく、彼の性格を反映したものだろう。だから、善人たちは彼の周りにいたがり、彼に仕事の機会を与えてくれた。

一九二五年、フレッドのＭＩＴでの経験、聡明な頭脳、人の扱いのうまさが再び功を奏した。元クラスメートのドービー・ケイスがカンザス州ウィチタのエンジニアリング建設会社に誘ってくれたのだ。その会社はケイスがルイス・ウィンクラーと設立したものだった。フレッドは誘いを受け入れ、三〇〇ドル支払って対等パートナーになった。それから三カ月後、ケイスが別の機会を追求するために会社を突如辞めたのを機に、その会社はウィンクラー・コーク・エンジニアリング・カンパニーと改名された。

ウィンクラー・コークにとって最初の二年はいばらの道だった。その会社には独自の技術がなく、設計、設備の購入、建設管理を必要とする完成した仕事を生みだすための資金もなかったため、小さなエンジニアリング料だけがウィンクラー・コークの収入源だった。父はしばらくは「無一文で」、オフィスの折り畳み式ベッドに寝る毎日だった。

事業が軌道に乗り始めたのは一九二七年のことだった。フレッドが重油をガソリンに変換するための優れた熱分解プロセスを開発したのである。それは競合他社のプロセスよりも値段が安く、生産性は高く、装置のダウン時間が短かった。最初の装置をオクラホマ州ダンカンにあるL・B・シモンズの新しいロックアイランドの精油所に納入してからというもの、次の二年間にわたって七週ごとに平均で装置一個が売れた。

このプロセスを独立系精油所に売ることに成功したウィンクラー・コークは、技術をコントロールするためにガソリン製造プロセスのカルテルを結んでいた大手石油会社の注目をいやがおうにも集めた。こんなこともあって、パテントクラブと呼ばれていたこのカルテルは、ガソリンが一バレル三ドルちょっと（小売り）で売られていた時代に、独立系石油会社に一バレル三〇セントのロイヤルティーを課すようになった。

これに対して、父の新しいプロセスはロイヤルティーが無料だったため、独立系精油所にとってては魅力的だった。一九二九年、パテントクラブは独立系石油会社が競争力を強めてきたことに脅威を感じ、ウィンクラー・コークとそのほぼすべての顧客に対して、四〇件の特許侵害訴訟を起こした。これらの訴訟によってウィンクラー・コークのビジネスは米国およびヨーロッパの多くの国で暗礁に乗り上げた。

ウィンクラー・コークが会社として生き残るには、ほかの国――特にソビエト――にプラントを建設するしかなかった。一九二九年から一九三一年までの間、ウィンクラー・コークはソビエトで一五の熱分解装置を建設した。ソビエトとの契約のおかげで、ウィンクラー・コークは世界恐慌の最初の数年の間、最大の利益を上げた。しかし、フレッドはソビエトを信じきれず、代金の九〇％を前払いで支払ってもらった。

父は一緒に働いていたソビエトのエンジニアたちから、世界革命の方法と計画を聞かされてからというもの、ソビエトと共産主義国全般でビジネスをすることに恐怖を感じていた。結局スターリンはフレッドのソビエトのビジネスパートナーのほぼすべてを追放し、何千万という彼の民族も追放した。父はソビエトを「飢えと惨めさと恐怖の国」と呼び、ソビエトでの経験を通して、大の共産主義嫌いになった。彼はジョン・バーチ協会（アメリカの極右反共団体）の会員になり、私にも会員になることを勧めた（私も会員になったが、会員でいたのは数年だけだった。なぜなら、私もハイエク同様、共産主義は暴く必要のある陰謀というよりも、「知的誤り」のように思えたからだ)。

パテントクラブはウィンクラー・コークを二三年にわたって訴訟し続けたが、勝ったのは一度だけだった。その判決も、一人の判事が買収されていたことが発覚してくつがえされた。このショッキングな出来事と、その後のスキャンダルによって、大手石油会社は彼らのプロセス開発会社、ユニバーサル・オイル・プロダクツをアメリカ化学会に寄贈した。ウィンクラー・コークは逆訴訟を起こし、一九五二年、一五〇万ドルで示談になった。

勝訴はしたものの、父の私へのアドバイスは、「絶対に訴訟は起こすな。弁護士が三分の一の利益を得、政府が三分の一の利益を得るが、おまえのビジネスは崩壊する」というものだった。私はなるべく父のアドバイスに従うように努めた。したがって、これまで起こした訴訟は数件しかない。残念ながら、父は「訴えられる」こと——ファミリーのメンバーからの訴訟も——を回避する方法を私に言い忘れた。これについてはのちほど話す。

コーク・インダストリーズの設立

一九三〇年代後半は父のエンジニアリングビジネスにとって、より困難な時期が続いた。世の中は世界恐慌のただ中にあり、パテントクラブの訴訟によって、アメリカでは熱分解プロセスから利益を得ることはできなかった。それでフレッドは別のビジネス機会を探そうと乗りだした。

ここで再び彼の良い評判が功を奏した。グローブ・オイル・アンド・リファイニング・カンパニー（独立系石油精製会社大手の一つで、ウィンクラー・コークの最良の顧客の一つ）が、セントルイスから一五マイルほど上流のウッドリバー近くのミシシッピ川に一日に一万バーレルの石油を精製する石油精製所を建設することになったのだ。

グローブのオーナーであるI・A・オーショネシーは、リスクの低減とそのベンチャーへの協力をパートナーに求めた。最初に話を持ちかけられたのは、ミシシッピのはしけ船大手の一つのオーナーのハンク・イングラムだった。原油やその製品の精製所からの出し入れをスムーズに行うことが目的だった。その次に話を持ちかけられたのがフレッドで、彼にはプラントの設計と運用を依頼してきた。

父は会社の株式の大量取得を条件にその話を受けた。一九四〇年にフレッドは二三万ドル支払って、ウッド・リバー・オイル・アンド・リファイニング・カンパニーの株式の二三％を取得した（この会社はのちにコーク・インダストリーの所有になった）。オーショネシーとイングラムがそれぞれ三三％ずつ所有し、グローブの二人の従業員（ウッド・リバーの原油の供給と製品の販売に携わっていた）が五％ずつ所有した。石油精製所が完成し、操業を開始したのは一九四一年のことだった。そのときはこれから起こることを知るオーナーたちはいなかった。

第二次世界大戦によって、一九四〇年から一九四三年までの間に四つの「超過利得税」法案が議会を通過したのである。税率は二五%~九五%だった。これによって戦時中、ウッド・リバーは平均で七〇%という高額の所得税を課せられた。

こうした没収課税にもかかわらず、ウッド・リバーは政府によってハイオク航空燃料をこれまでにない規模で製造するように圧力をかけられた。さらに、そのほかの資源同様、当時は戦時中の原油不足によって原油は入手が困難だった。当然ながら、首位株主間で対立が生まれた。

対立の一つは取引の構造に関するものだった。グローブ・オイルの精油所に原油を供給していた従業員と、グローブの製品を販売していた従業員がウッド・リバーへの原油の供給と販売を手助けすることになった。これではウッド・リバーは平等な扱いを受けていないのではないか、と非グローブのパートナーたちは疑い始めたのである。真偽のほどは定かではないが、契約のなかで利害に対する対立が発生すると、うまくいかなくなる——しかも長期にわたって——ことだけははっきりした。一九四四年、グローブ・オイル・グループは株式を原価で父とイングラムに譲渡し、和解した。その結果、父とイングラムは対等オーナーになった。

一九四六年、ウッド・リバーはオクラホマ州ダンカンにある一日八〇〇〇バレルのロックアイランドの精油所を買収し、一日一万バレルのその集油システム（集油システムは原油を油田の出口からメジャーなパイプラインに送る装置）も六〇万ドルで取得し、さらに、ロックアイランドのオーナーであるL・B・シモンズの持っていたウッド・リバーの株式を一〇%買う権利も手に入れた。これらの施設はロックアイランド・オイル・アンド・リファイニングという新しい子会社に設置された。オクラホマの石油精製所は一九四九年に閉鎖となったが、その集油システムはウッド・リバーの最大のビジネス基盤となった。

一九四九年、ウッド・リバーは損失を出したため、イリノイの石油精製所をシンクレア・オイルに四〇〇万ドルで売却した。その代金で、父とL・B・シモンズ（彼は株式を買うオプションを行使した）の株式を除く残りの株式を買い占めた。ウッド・リバーの名前はそのまま残った。一九五四年初期、彼らはシカゴの近くに新しい石油精製所を建設する計画を立てたが、ほどなくその計画は頓挫した。

私の父は、頭が良く、起業家精神にあふれ、成功し、みんなに尊敬され、理念を持った人物だった。また、謙虚な人でもあった。一九四八年、ピッツバーグの友人に次のような手紙を書いている。「私たちのオイルビジネスはかなりの規模に成長したので、それをうまく経営できる賢明で優れたまとめ役が必要だ」（フレッド・コークからドクター・ウォルター・F・リットマンへの手紙。一九四八年一月三〇日付）

フレッドは高血圧と心臓病を病んでいた（結局はこれらが原因で彼は死亡する）。一九四〇年、彼の口蓋の腫れが悪性のものだと疑った医者は、ラジウム針で治療したが、それによって彼の口蓋は裂けてしまった。その後、彼はしゃべるのもおぼつかなくなり、人前で食事をすることは彼にとって苦痛を感じるほど恥ずかしいものになった。新しいビジネスを始める必要がある、と彼は思った。他人とかかわらなくてもよいビジネスを。牧場経営はそのニーズにぴったりだった。

一九四一年、彼は広い土地を買った。それがのちのスプリング・クリーク・ランチ（カンザス州フリントヒルズ）である。彼はそこで人とは離れて独りで働くことを計画した。「それはまさに恐ろしい経験でした」と母は四〇年後に回顧している。

「彼は働くことはおろか、何もできなかったのですから」。母は他人の痛みを自分のことのように感じる繊細な人だった。「彼はそういった生活にも不平不満を漏らすことはありませんでした。でも、痛みに耐えられないときがときどきあり、そんなときは弱音を吐きました」と彼女は言った。

幸運なことに、セントルイスの良い医者が父の口蓋を治療する方法を見つけだし、彼は徐々に回復していった。それからスプリング・クリークは彼にとって幸福な目的を果たす場所になった。彼は牧場経営の科学に魅力を感じ、週末は家族全員でそこにあるファミリーキャビンで過ごした。数ある発明のなかでも、人工岩塩は牛たちに十分な塩分を与える安価な方法だった。

父は新しいことに興味がわくとすぐにそれを採り入れた。でも、システマティックでないのが玉にキズだった。いくつか例を挙げると、ファイバーグラスパイプ、キャンピングトレーラー（「コーク・キャンパー」）、家を冷やすための冷却塔などがそうだ。南アフリカへの旅の途中でアスベストの使用に驚愕した彼は、それをビジネスにできないか検討した（幸いにも彼はこのビジネスを始めることはなかった）。第二次世界大戦の爆撃機を社用航空機に改良したりもした。

彼はまた蒸留塔のタワーインターナル（石油精製所や化学工場で使われ、沸点の違いで液体を分離するトレイ）を開発した。特に力を入れたのはカスケードトレイ（Kaskade Tray）と呼ばれるもので、これは正しい側を上にするよりも逆さまのほうがうまく機能することが分かった。彼はよく自分を笑い飛ばしたが、このときもそうだった。

残念ながら新しいベンチャーは何一つ成功することはなかった。しかし、一九二五年に無の状態からスタートし、私が一九六一年に入社したときには二一〇〇万ドルの価値を持つ会社を、「優れた頭脳」だけを使って設立したことは印象深い。裕福になると、彼は両親のためにクアナに家を買い、彼らの面倒を生涯見た。母とともに四人のやんちゃな息子を育てた——一九三三年生まれのフレデリック、一九三五年生まれの私、そして一九四〇年生まれの双子のデビッドとウィリアム。

一九四八年にピッツバーグの友人に宛てた手紙では、彼はフレデリックのことを「とても聡明な息子で……素晴らしい心を持ち、芸術的な才能がある」と書いている。フレデリックはのちにアートコレクターになり、世界中の史的価値のある大邸宅のいくつかを復元させた。

私は父のことをパパと呼んでいた。彼は私のことを「大きくて気立ての良い子」と言ったが、私の勤労観には彼はまだ気づいていなかった。「チャールズはだれからも好かれ、仕事が差し迫らないかぎり、彼を心配させるものは何一つない」（フレッド・コークからドクター・ウォルター・F・リットマンへの手紙。一九四八年一月三〇日付）。

「双子のうちデビッドは頭の回転が速く、身体の動きも機敏。彼は天性のアスリートで、非常に実用的でもある。息子のうちだれかがエンジニアになるとすれば、それはデビッドだろう」と手紙に書いている。

双子のもう一人はウィリアム（通称ビル）だ。彼のことは、「憎めないやつだが、非常に短気で、しかも頑固。これはアイルランド人とオランダ人の血を受け継いでいるせいだろう」と書いている。

「子供たちはお金儲けよりもはるかに重要な存在だ」と父は同じ年にテキサスの友人に宛てた手紙にこう書いている。彼はその手紙を持ち前のユーモアさで、ジョン・D・ロックフェラーをからかった言葉で締めくくっている。「ロックフェラーは、『お金がすべてではない』と言っている。株式、債券などの証券も重要だと」（フレッド・コークからC・A・ミドルトンへの手紙。一九四八年三月五日付）

ファミリーライフ

もちろん、私たちに影響を及ぼしたのはパパだけではない。母はエネルギッシュでアドベンチャーが大好きだったため「マイティー・メアリー（Mighty Mary）」と呼ばれていたが、一家のなかで支配的な力を持っていたのは父だった。彼の性格は疑う余地のないものだった。

一九四〇年代、父とほかの兄弟と一緒に映画に行ったときのことは忘れられない。私たちが映画館に着いたとき、すでにチケット売り場は人でいっぱいだった。人々の列は曲がりくねっていた。私はほかの兄弟たちと列に割り込もうとした。しかし、常に正直であれと私たちに教えていた父は、それを許さなかった。彼は私たちに列の後ろに並ぶようにと目配せした。

父は私たちを「カントリークラブの怠け者」（ゴルフはうまいが、トップを目指そうとしない人）には絶対にしないと心に誓っていた。だから、私たちが勤労観と知識に対する貪欲さを持つように、できるかぎりのことをやった。父の死の直後、貸金庫を開けると、父が一九三六年に書いた一通の手紙が出てきた。その手紙には、私たちの学費を支払うための保険証書は、私たちにとって不利益にはなっても利益にはならないかもしれないという不安について書かれていた。

これらの保険証書は何かを達成するための貴重なツールとして使っても構わないし、浪費しても構わない。君たちがこのお金を独創性と独立心をつぶすのに使うことを選んだ場合、それは君たちにとって呪いとなり、私がこのお金を君たちに残した行為は間違いだったということになる。そのとき、輝かしい達成感というものを味わわせてあげられなかったことを深く後悔せざるを得ないだろう。でも君たちは私をがっかりさせたりはしないはずだ。逆境とは、神が隠れ蓑を着て恵みを与えてくれることであり、逆境によって素晴らしい性格が形成されることを覚えておいてほしい（フレッド・コークから「私の親愛なる息子たち」への手紙。一九三六年一月二二日付）。

兄のフレデリックは勤労観を身に付ける方法として肉体労働は性に合わなかった。したがって、父の矛先は私に向けられた。私が六歳になるころには、父は私の空き時間には私に労働を強いた。まずは私たちの一六〇エーカーの土地に咲くタンポポを掘り起こすことから始まった。次は、馬や牛の小屋の掃除、干草のベール梱包、牛の乳搾りと続き、そのあとはコーク・エンジニアリングの工場での鉄板の移動が待っていた。

一五歳のころには、ありとあらゆるサマージョブをこなせる年齢ということで、私たちの牧場やほかの場所でも働かされた。病気の牛を集めて手当をしたり、フェンスを修繕したり、何年も雨が降っていない地面に溝や穴を掘ったり、穀物倉庫で小麦をショベルですくったりと、とにかくいろいろなことをやった。

ある夏、私は町から何マイルも離れたモンタナのセンテニアルバレーのラインキャンプで働いた。ビタールート・ボブと呼ばれる男とゴロ寝をしていると、彼は第二次世界大戦中、攻撃を受けやすい場所から逃げて、不名誉除隊になったことを自慢した。彼は夜になるとキャビンの天井をリボルバーで打ち抜くことがときどきあった。だから、雨が降ると二人ともびしょぬれになった。でも、彼は天井を打ち抜くのをやめなかった。

当時はそう思えなかったが、父のタフな愛が私を救ってくれたのだと今は確信している。実は、私はとても扱いにくい子供だった。高校を卒業するまでにはすでに八つの学校を転々としていた。何年もあとになって、父になぜ双子には私ほど厳しくなかったのか聞いたとき、父は「お前ほど手を焼く子はいなかったよ」と言った。

転々とした学校の一つはカトリックの学校だった。私がこの学校に送られたのは五歳のときで、数年通った。しかし、五歳の子供のわりには、私は疑い深かった。イエス様は祭壇の後ろにおられます、という修道女の言葉を信じることができなかった。なぜなら、私は彼女の言葉を文字どおりに解釈したからである。良い行いをしたときは、褒美としてグラハムクラッカーとミルクが与えられたが、それは私にとっては十分なインセンティブにはならなかった。

八つ目に通った学校に早送りしよう。それはカルバー・ミリタリー・アカデミーという学校だった。三年生のとき、春休みにウィチタからインディアナまで帰る途中、汽車のなかでビールを飲んだかどで、退学処分になった。私が深く反省していることもあり、カルバーは、サマースクールで前学期の授業を受け直し、騎兵の訓練を受け直すという条件で、私を復学させた。

その夏、馬小屋の隣にテントを張って生活した。私の仕事量はほかの見習いの四倍もあったので、私はラッパが鳴ったあと唯一許可された明かりを使うために、よく真夜中に起きだしたものだ。それは馬小屋の共用浴室の明かりで、私はシャワーベンチに座って宿題をやった。四年生のとき、見習い班長の頭を窓にたたきつけようとして、再び一線を越えた。彼はフットボールチームのスターランニングバックだった（私がなぜ彼の頭を窓にたたきつけようとしたかというと、部屋の点検のとき、彼が私のすべての洋服をクローゼットから出して、フロアに撒き散らしたからだ）。

幸い、私はそのときには信望を得ていたため、カルバーは二度目の退学処分にはしなかった。しかも、卒業はもう目前で、ＭＩＴへの進学もすでに決まっていた。しかし、この事件で私は信望をなくし、学校最後の六週間の空き時間はライフル銃を持って郵便を歩いて配るという仕事が課せられた。

カルバーから追放されていた短期間の間、クアナ高校での学年度を終了させるために、父は私をテキサスの父の兄の家に滞在させた。数学は私の性分に合っていた。数学の期末試験では一〇個の質問すべてに答えることができた。でも、クアナのクラスメートは私に疑いの目を向けた。七〇％正解すればパスするのに、なぜ一〇〇％答える必要があるのか、ということだった。独立心旺盛で、ときどきケンカっ早くなることがある一〇代ではあったが、この気質はどこか間違っていることを認めざるを得なかった。

私は、ウィチタに戻って父のためになんて絶対に働かないという覚悟を持って、ＭＩＴに入学した。私の独立志向が父の傲慢なスタイルと合うはずもなかった（このころには、彼の「オランダ人の違いまでは分からないさ」というジョークは、単なるジョークではないことが分かってきていた）。また、私は彼の会社の確実な後継者でもなかった。父は、暇なときに父の会社で働くことを要求する以外には、私に会社にかかわってほしいことをおくびにも出さなかった。

大学二年生の終わりの私の成績の平均はＢマイナスだったが、私はそれに満足していた（ボストンで楽しい時間を過ごしていたし、最終的には士官学校の厳しい統制から解放された。ＭＩＴは学生に試験にパスすることと、プロジェクトを完了することしか要求しなかったので、私は自由を謳歌した）。しかし、夏休みにしばらくウィチタに戻ったとき、父は私を座らせて言った。「息子よ、おまえが穴掘りをして生計を立てるというのなら、それはそれで構わないが、私にお前の教育費を支払ってほしいのなら、おまえはしっかりと勉強しなければならない」。それから私の成績は一ポイント上がった。

ＭＩＴでの最終学期の間、父はグレート・ノーザン・オイル・カンパニーの株式を三五％取得した。グレート・ノーザン・オイルはミネソタ州セントポール近くのパインベント石油精製所を所有していた。パインベントは一九五〇年代の中ごろ、最近サスカチュワンで発見されたカナダの重質原油市場を提供するために設立された。今にして思えば、この取引はコークの将来にとって非常に重要なものだった。

グレート・ノーザン・オイルを動かしていたのは、サスカチュワン油田の大手生産者である二つの独立系石油会社と、原油業界きっての弁護士でリーダーでもあったJ・ハワード・マーシャル二世だった。一九五〇年代の終わりには、これら二つの独立系石油会社はすでにピュア・オイルとシンクレア・オイルに買収されていた。ウッド・リバーの元販売ヘッドであるアイク・ムーアは、一九五〇年にシンクレアがウッド・リバー石油精製所を買ってからずっとシンクレアで働いていた。

ムーアはフレッドが石油精製ビジネスに戻りたがっていることを知っていた。それで、シンクレアがグレート・ノーザンの株式を売ることを決めたとき、アイクはフレッドにそれを知らせた。結局、父はシンクレアの株式をあらかじめ調べることもなく、五〇〇〇万ドルの簿価で買った。彼の直観と判断は正しかった。当時（一九五九年二月）、パインベントは一日におよそ三万五〇〇〇バレルを精製していた。これは今日の生産量の一〇分の一を少し上回る量だ。

その夏、ウッド・リバー・オイル・アンド・リファイニング・カンパニーはロックアイランド・オイル・アンド・リファイニング・カンパニーと名を改めた。ロックアイランドの事業は、牧場経営と、L・B・シモンズから取得した集油システムと、新たに取得したグレート・ノーザンの株式程度のものだった。そのとき、コーク・エンジニアリングはウィチタにただ一つの製品を製造する一つのプラントを持つ別の事業体だった。一つの製品とは、フレクシトレイ（Flexitray）と呼ばれる新しいタワーインターナルだ。これはカスケード・トレイとは違って大成功した。

断れなかったオファー

一九五九年にＭＩＴを卒業したあともボストンに数年とどまり、当時のコンサルタント大手だったアーサー・Ｄ・リトルの商品開発、プロセス開発、マネジメントサービス部門で働いた。私の仕事の性格上、徴兵が猶予された。面白いプロジェクトが一つあった。それは政府のために強力なマリファナ誘導体を製造するためのプラントを設計することだった。実際の兵器ではなくて、マリファナ「爆弾」で敵をコントロールすることで、戦争をより人道的なものにするというのが目的だった。

マリファナ爆弾とは言うものの、この仕事は刺激的で勉強にもなった。私はまだ二〇代半ばだったが、いろいろな会社のＣＥＯ（最高経営責任者）を相手によくプレゼンを行った。私は人生を謳歌し、ボストンにいることに満足していた。ところが、父が私に断れないオファーを出してきたのだ。私をウィチタに戻し、彼の下で働かせるという説得に失敗して一年近くたったとき、父は私に最後通告を送ってきた。「健康がすぐれないため、もしおまえがウィチタに戻って会社の経営を学ばないのなら、私は会社を売るしかない」

何が父を最後通告に駆り立てたのかはよく分からないが、父はいつかは私が父の後を継ぐことを当てにしていたのだろうと今では思っている。私が強い事業姿勢を持っていることを父に確信させたのは、アーサー・D・リトルでの成功だったのではないかと思っている。父が私にさせた何年にもわたる肉体労働のおかげで、父は私に勤労観があることは気づいていた。兄のフレデリックはエンジニアリングにもビジネスにもまったく興味を示さなかった。双子の弟たちはMITでエンジニアリングを勉強していたが、彼らは私よりも五歳年下で、まだ学業を終えていなかった。したがって、父の私へのオファーは必然だったのだろう。

今にして思えば、父は自分の命がそう長くないことを恐れていたのだと思う。彼はコーク・エンジニアリング（タワーインターナルビジネス）の経営に関しては口出しはしないことを約束した。会社を売ること以外は、父の許可は要らない。私にとってそれは、単なるアドバイザーとしてではなく、実際に会社を経営する絶好のチャンスだった。

エンジニアリングの二つの修士号（原子力と化学）と二年以上にわたるコンサルタント会社での経験をひっさげ、一九六一年の秋、私はウィチタに戻ってきた。父は開口一番、次のように言った。「最初の取引は失敗することを願っている。最初の取引が成功すれば、おまえは自分が賢明だとうぬぼれてしまうからだ」。しかし、父の心配は杞憂に終わった。私たちは何年にもわたって負け続けることになるのだから（これについてはのちほど話す）

当時のコーク・エンジニアリングは売り上げが二〇〇万ドルにも満たず、収支はかろうじてトントンといった状態だった。ヨーロッパでの事業は大失敗だった。父はヨーロッパの事業を清算するつもりだったが、今ではコーク・エンジニアリングを経営しているのは私なので、父は私が解決すべきだと言った。成功する事業、特に国際的な事業を構築するうえでの問題にあまりにも無知だった私は、現地に自ら出向いてその問題を解決した。

幸いにも、ヨーロッパの事業の問題は明らかだったので、会社経営の経験がなく海外経験のない私でも解決することができた。

問題の根源は、私たちの設計したタワーインターナル（塔槽類内部品）を潜在的競合他社にまねをさせまいとしたことだった。複数の請負会社がいろいろな国で異なる部品を製造し、それらの部品がどこかで組み立てられるため、複雑な保証されないような物が出来上がり、しかもコストは高く、パフォーマンスは最悪なものになる。私たちはこういったことを防ぎたかったのである。

次の数年はほとんどの時間をヨーロッパで過ごし、問題の解決に当たった。まず最初にイタリアのベルガモ（疑い深いユニオンメンバーの拠点）近くにエンジニアリングと製造の拠点を設立した。

次に、顧客に優れたサービスを提供する組織を設立した。アーサー・D・リトルでの経験と私がこれまで勉強したことから、ビジネスの目的は顧客価値を創造することであることを私はよく理解していた。多くのビジネス書から学んだことは、顧客を満足させられなければ、それはビジネスではないということだった。サム・ウォルトンの有名な言葉に次のようなくだりがある。「唯一のボスは顧客だ。顧客は別のところでお金を使うことで、会長以下全員を首にすることだってできるのだ」（二〇〇八年一〇月八日の「Sam Walton : Bargain Basement Billionaire」のなかで引用。アントゥレプレナー・ドット・コム http://www.entrepreneur.com/article/197560）。

巨人の肩

父は約束を守り、私に自由にコーク・エンジニアリングを経営させてくれた。ヨーロッパの事業を再編成したあと、一九六二年の六カ月間、私は石油精製ビジネスを学ぶためにセントポールのグレート・ノーザン・オイルに派遣された。ウィチタに戻ったあと、ヨーロッパを頻繁に訪れ、さらなる改革を進めた。

コーク・エンジニアリングでは、ビジョンの重要さ（私たちはまだビジョンを持っていなかった）と、適材適所（私たちはまだ適材適所を行っていなかった）の重要さを学んだ。私は二七歳で社長職を受け継いた。これは必然であり、私自身の判断で会社を経営させるという父の約束に従うものだった。

社長に就任してすぐに、私はヨーロッパ以外の場所でのコークビジネスに着手した。これによって売り上げも製造も伸び、ほかの製品も製造することができるようになった。まず最初にやったことの一つは、新しい製品を加えるために商業開発担当者を雇い入れることだった。社長として私はコーク・エンジニアリングを大きくするために、できるかぎりのことをやった。そして文字どおりそれをやり遂げた。一九六五年には売り上げは二倍以上になり、会社はトントンから確実に利益の出る会社に変貌していた。最初から市場ベースの経営（ＭＢＭ）の中核をなすアプローチを使った――自分たちの能力を理解し、常に改善し、また新たな能力を開発し、最大の価値を生む機会を追求する。

ヨーロッパで製造拠点を設立し、ウィチタで新たなプラントを建設（これによって、フレクシトレイの世界中でのマーケティング、販売、設計、製造が改善された）することに加え、タワーパッキング、熱交換器、ミストエリミネーター、公害防止装置、膜分離システムなどの関連する製品の製造にも乗り出した。

一九六二年は、ロックアイランド最大のビジネスである集油の拡大に着手した年でもある。このときの盟友がスターリン・バーナーである。彼と最初に出会ったのは、私がまだ一〇代で、夏にセンテニアルバレーで働いていたときだ。スターリンはコークの拡大ビジョンに賛同してくれた。私たちは原油トラック、トラック会社、パイプラインを買って買って買いまくり、他人がリスクをとりたがらないところにパイプラインを建造した。「注意しろ！」と大手石油会社の役員は言った。「背中を向けたら、コークがあなたの肛門のすぐ後ろまでパイプラインを作ってしまうから」。私たちはこれを賛辞と受け取った。

集油ビジネスが成長するにつれ、虚弱体質の父の体はますます弱っていった。一九六六年、父は私をロックアイランドの社長に就任させた。彼が言うには、もし彼に万一のことがあったとしても、継承争いが起こらないようにするため、ということだった。翌年の五月、父は激しい心臓発作に襲われ、二カ月の入院を余儀なくされた。そして、一一月二日、父は永眠した。

一九六八年七月一日、父に敬意を表して、ロックアイランドをコーク・インダストリーズと改名した。父の存命中の六年間、父と働くことができて本当にありがたかった。父を見るとき、深い洞察というのではなくて、アイザック・ニュートンが言ったように、巨人の肩の上に乗っているような感覚になる。フレッド・コークは一種独特なそんな巨人だったのである。

私たちは両親から教訓を学ぶ。私も例外ではない。私が両親から学んだ教訓は、ビジネスに関連するものばかりではない。正直さ、謙虚さ、責任感、勤労観、起業家精神、知識に対する貪欲さ、貢献したいという願い、他人を思いやる気持ちといった基本的な価値観も両親から学んだ。こうした基本的な価値観は、私のビジネスのやり方や私の生き方に大きな影響を及ぼした。そういった意味では、私は父と母にどんなに恩返ししてもしすぎることはない。

第2章 フレッド亡きあとのコーク――ぴったりと合った石を積み重ねる

「人間の無限の多様性は……参加者の互いの利益のための無限の協調性の機会を生む……人間の多様性という果実を収穫し、私たちが直接作ったものではないものを楽しむには、この協調性が機能する方法を発見し得たときのみである」

――ボールディー・ハーパー（F・A・ハーパー著『ホワイ・ウェイジズ・ライズ（Why Wages Rise）』［一九五七年］より）

ポール・スタインバーグの「ア・パロキアル・ニューヨーカーズ・ビュー・オブ・ザ・ワールド（A Parochial New Yorker's View of the World）」は、一九七五年にニューヨーカーがマンハッタンの九番街から西の方向を見た象徴的なスケッチを描いたものだ（このスケッチは雑誌『ニューヨーカー』の一九七六年三月二九日号の表紙を飾った。今でも非常に面白いスケッチとして話題になる）。

太平洋を超えて日本、中国、ロシアへと目を転じていく前にアメリカの中西部と西部に目が止まる。それはマンハッタンの裏庭のように見える。上下をカナダとメキシコに囲まれ、そのなかにはシカゴ、カンザスシティー、ネブラスカ、テキサス、ラスベガス、ロサンゼルスといったちっぽけで小さなドットが点在する。

スタインバーグは、ニューヨーカーがほかの地域を取るに足らないもの、あるいは似たようなものと見る傾向を鮮やかなパロディーで描き出している。これを見れば、なぜウォーレン・バフェットと私に共通点がたくさんあると考える人がいるのかが分かるはずだ。私たちは地図上の同じ点（カンザスシティー）から車で三時間離れたところに住んでいる。ウォーレンと私はたまたま知り合いで、アメリカ中部を拠点にして利益の出る事業を営んでいることに加え、二人ともゴルフ好きだ。しかし、共通点はここまでだ。私たちは政治哲学も違えば、経営理念も会社も違う。

確かに、バークシャー・ハサウェイもコークもアメリカ中西部に本社があり、まったく異種と思えるたくさんの会社を所有している。ウォーレンは会社を買うとき、競争力のある会社を買う。そして、その会社の経営が健全であれば、キャッシュフローを投資する決断を除いては口出しをしない。経営は買収前と同じようにやらせる。

しかし、コークのモデルはバークシャー・ハサウェイとは異なる。私がコークに入社した一九六〇年代初期からずっと、私たちは私たちの能力を使って付加価値を生みだせるときにのみ会社を買収してきた。買収によって私たちの既存のビジネスを改善できるときや成長のための新たなプラットフォームを作ることができるときは特にそうである。私たちの最大の買収――ジョージア・パシフィックとモレックス――もこの原理に従った。

しかし、間違えないでほしいのは、コークの現在の成長モデルはフレッドのときよりもシステマティックではあるが、今でも試行錯誤が続いているということである。コークでは注意深い試行は日々行われており、ここに至るまでには数々の間違いも犯した。

一九四〇年にベンチャー企業としてスタートしたコークは、今では世界第二位の非上場企業である。コークがここまで成長したのは、正しい時期に正しい業界にいたからでも、ワシントンに友人がいたからでもない（批評家のなかにはこう言う人もいるが）。コークがここまで成長したのは、イノベーションの賜物であり、顧客とコークにとって利益になる会社を懸命に探し、買収してきたからである。

私たちがやっていることはレンガ積みのようなものだと私は思っている。もっと厳密に言えば、石工のようなものだ。石を慎重に選んで配置したら、新しいスペースが生まれ、石工はそのスペースに慎重に選んだ別の石を配置する。石はそれぞれに異なるが、それぞれの石をぴったり合わせて配置すると、互いに補強し合う構造が出来上がる。

フレッド・コークの価値観は私と私たちの基本理念に大きな影響を与えたが、能力駆動のビジネスビジョンは彼の考えではなかった。しかし、彼が、自分たちにはこの方向に能力があるとの直感に従ったとき、素晴らしい結果につながった。ウィンクラー・コーク、ウッド・リバー、ロックアイランド、グレート・ノーザンなどがそうである。

序章で述べたように、父は最後の数年、高額の遺産税が共同設立した会社に甚大な被害をもたらすかもしれないことを不安に感じており、その思いは徐々に強まっていった。自分の死後、一体何が残るのだろうか。第二次世界大戦中、「超過利得」税を支払っていた父は、一日の終わりには何も残らないことを痛感していた。

そのため、彼は設備投資を控えた。これによって改善は限定され、能力の向上もストップした。私たちが父の財産を合理的に清算することができたあとで初めて、この制約は取り除かれ、成長が再び加速していった。

石の最初の層――原油の集油

父から会長兼CEO（最高経営責任者）を受け継いだとき、私は三二歳だった。私がCEOに就任した直後の数年間は、スターリン・バーナーと私は原油の集油ビジネスに重点的に取り組み、コーク・インダストリーズが今やっているように利益の九〇％を再投資した。スターリンのリーダーシップの下、コークはアメリカとカナダで最大の原油の買い手および集油業者に成長し、原油の取り扱いは一九六〇年には一日六万バレルだったのが、一九九〇年には一日一

○○万バレルにまで増加した。

このたぐいまれなる成長は新たなビジョンの下で始まった。新たなビジョンは、積極的に活動することで原油の最大の買い手になり、最良のサービスを提供し、原油生産者と最高の関係を築くことだった。積極的になる、最良のサービスを提供する、最高の関係を築くとは、ビジネスが何であれ、今でも私たちの野心を表すものだ。

スターリンと私が新しいビジョンの適用を始めたとき、ほとんどの顧客は独立系生産者で、石油を買ったり輸送する競合他社は小さなトラック会社や大手石油会社だった。独立系のビジネスを勝ち取るというビジョンに基づき、私たちはより積極的に活動し、競合他社よりも低価格でサービスを提供した。

私たちは、（油田が成功するのを待つことなく）掘削が始まったらすぐに生産者との取引を取りつけるところから始めた。また、油田が生産を開始したら原油をすぐに運べるように、トラックを待機させた。

小さな競合他社よりも優位に立てる私たちのもう一つの能力は、私たちには生産者に原油代金を必ず迅速に、たとえ逆境にあっても、支払うという安心感を与えるバランスシート（大手石油会社のようなものではないが）があったことである。さらに、たとえ複数の所有者がいる油田にでも、正しい所有者に、きちんと支払いをする組織とシステムがあることを私たちはアピールした（油田のいくつかは数十という所有者がいた）。

私たちの成長を支えるもう一つのカギは、パイプラインを建造して、パイプラインやトラックを、競合他社よりも経済的に運用する能力を開発したことである。良い利益の基本とは、顧客に最良で手のかからないサービスを低価格で提供し、私たちが提供する機会によって最良の社員を引きつけることである。私たちの目標は――この目標は今でも変わらない――は、顧客、ベンダー、コミュニティー、社員たちが私たちを選んでくれることである。

もちろん、逆境のときもあったし、投資が実を結ばないこともあった。しかし、投資をしなければ、あるいは十分な資金がなければ、競合他社に打ち勝つことはできなかっただろう。

原油量が増えるにつれ、それをすべて売ることができないこともあった。そこで、原油の商取引能力を開発することにした。原油のマーケットを確立することを生産者に保証したのである。たとえ余剰原油があったとしてもだ。これがコークの商取引ビジネスの起点となった。「多角的企業」(『フォーブス』誌は非上場企業の格付けに当たって私たちの会社をこう分類している)としての次の一手として、原油の集油で築き上げた能力を適用するほかの機会を模索し始めた。こうして、ガス液の集ガス、精留、売買ビジネスが始まった。最終的には、私たちはアメリカ最大のガス液の集ガス・精留・売買会社になった。しかし、このビジネスを始めるに当たっては、揮発性の高い液体を扱い、保存し、その混合物を純粋な製品に分離する能力を開発しなければならなかった。

そして、ガス液で培われた能力は、天然ガスの集ガス、輸送、処理、売買ビジネスへと発展していった。そして、天然ガスの供給によって、窒素肥料の製造といった統合製品の開発に乗り出すことになった。

一九七〇年代初期には、コークは三つの能力を築き上げていた。これは、石を積み上げて異なる構造を構築するための三つの機会を与えてくれた。三つの能力とは、原油の集油、原油の精製、タワーインターナルの製造で、これらはまったく異なる能力だった。

いったんスタートすると、ビジネスは次々と派生していった。原油の集油は、ガス液と天然ガスの集ガス・処理ビジネスへとつながり、さらには肥料の製造へとつながった。ビジネスはカスケード式に広がっていった。

原油の精製は、化学製品、ポリマー、ファイバー、パルプ、紙といったほかの数々の化学処理ビジネスの原点となった。これらのいくつかからは消費者向け製品が作られた。

また、タワーインターナルビジネスは、熱交換器、バーナー、フレア、膜分離、公害防止システム、ガスプラントの設計・建設へとつながった。

業界ではスマートプロダクトやスマート製造プロセスの時代が到来する。そこで私たちが目をつけたのが、コネクターとシステムである。

こうした仕事をすべてこなすには適材適所が要求された。この概念は、私たちが経営システムを体系化する以前から強調していたものである。人材を選ぶ際にはこれが最優先された。少しぶっきらぼうなところのあった父だが、情に厚かったため、社員に同じ仕事を根気強くやらせる傾向があった。しかし、社員と仕事がマッチしないこともあった。

そのころ、一日中飲んだくれている営業マンがいたし、三行のタイプさえできない秘書もいた。しかし、当時から会社にいたスターリン・バーナーはこうしたことに対してはよく心得ていた（彼は、仕事として顧客の接待のときは最大二杯まで飲んでもいいが、それ以外は飲まないというルールを設けた）。スターリンの助力もあり、私たちは新しいビジネスで適材を適所に配置することができた。

再び、石油精製について

一〇代のころや若いころの仕事経験をあなどってはいけない。私は一〇代のころ、夏の間、何回か油田で働いた。アーサー・D・リトルでは、エクソン（一九七二年まではスタンダード・オイル・オブ・ニュージャージーという名前だった）のコンサルタント業務を行った。

そして、一九六二年の六カ月間、ミネソタのグレート・ノーザン・オイル（GNOC）の石油精製所で、最初はエンジニアとして、そのあと営業マンとして研修を受けた。ミネソタのツインシティーには石油精製製品の強力なマーケットがあったため、ノーザン・オイルは競争上非常に有利だった。ノーザン・オイルは、増えつつあったカナダの重油生産地の近くにあったため、原油の供給からも利益を得ていた。

私たちが原油の精製に成功し、そのビジネスを成長させることができたのは、こうした若いころの経験があったからだと思っている。そして、一九六九年のグレート・ノーザン・オイルの五〇％を超える株式の取得は、私たちが今やっているビジネスに参入するための基盤になった。

グレート・ノーザン・オイルの買収は簡単ではなかった。私がまだ学習し始めたばかりの新しい概念──例えば、起業家精神、主観的価値、そして、もっと新しくはディールストラクチャリング──を適用する必要があった。

父の遺産税の問題を解決したあと、まず私が着手したのは、ユニオン・オイルが保有するグレート・ノーザン・オイルの四〇％の株式を取得するためにユニオン・オイルに掛け合うことだった。彼らは市場価格を大幅に上回る価格を提示してきたので、私たちは株式の取得を断念した。そのあと彼らは独立系石油精製会社に株式を売ることを試みた。彼らは、グレート・ノーザン・オイルの株式を買ってくれれば、J・ハワード・マーシャルの株式も取得できるという抱き合わせの提案をオファーした。

これに反撃するために、私は一九五九年以来のパートナーであったJ・ハワードの元を訪れた。私には妙案があった。彼は父と同様私に対しても甚大な信頼を寄せてくれていた。私が彼に提案したのは、彼の持つ一五％の株式と私たちの三五％の株式を合わせて持株会社を設立して、グレート・ノーザン・オイルの支配的利権（五〇％以上の株式）を取得するというものだった。将来的には、持株会社のJ・ハワードの株式とコーク・インダストリーズ（KII）の株式を交換して、彼をコーク・インダストリーズの株主にすると私は彼に約束した（税法によれば、私が彼にコーク・インダストリーズの株式を提供しても、あるいは交換率に合意しても、この交換によって彼には税金がかかる）。

将来のいつか交換するという私の口約束にもかかわらず、彼は即座にオーケーしてくれた。彼はグレート・ノーザン・オイルの株式をコークの新しい子会社のための少数株主持ち分のために喜んで提供してくれた。ほかの買い手に売れば、彼は間違いなくコントロールプレミアムを手に入れることができたにもかかわらずである。グレート・ノーザン・オイルの株式を五〇％取得することで、私たちはユニオン・オイルが保有する株式をもっと低価格（二五〇〇万ドル）で提供してくれるように交渉することができた。

こうした信頼関係はビジネスでは（あるいは人生においても）非常にまれだが、J・ハワードの純資産はコークの成長とともに何倍にも膨れ上がったわけだから、彼はかなり得をしたと言えるだろう。「これはこれまでで最高の取引だった」と彼はのちに回顧している。また、この取引はコーク・インダストリーズにとってもさらなる飛躍の足がかりになった。この取引は、信頼の上に成り立つ、互いに利益になる自発的な取引の経済的自由を証明するものであり、良い利益にとって非常に重要であることを明確に示している。

グレート・ノーザンはコーク・リファイニングになり、グレート・ノーザンが持つ能力によって、コークは新たなビジネス展開の足がかりをつかんだ。コーク・リファイニング（今はフリント・ヒルズ・リソーシズ）は、化学製品、ポリマー、潤滑油、バイオ燃料分野への参入を果たし、多角的ビジネスを展開していった。

二〇一〇年以降、七つのエタノール工場を買収するとともに、ほかのバイオ燃料を製造するためのリソースとテクノロジーも取得した。業界のほかの会社とは違って、私たちはエタノールに対する政府の税額控除をやめるように提唱した（この税額控除は最終的には二〇一一年に廃止された）。もちろん私たちもこの税額控除の恩恵を受けていた。さらに、ガソリンのなかにエタノールを混合するという政府規制も廃止することを提唱し続けた。

なぜ私たちはこんなことをしたのだろうか。序文でも述べたように、企業助成政策は社会の幸福を減少させることはあっても、増加させることはないと信じているからである。さまざまなイノベーションを組み合わせることで、私たちのエタノール工場は、政治的手段ではなく経済的手段によって利益を生み続けることができると私たちは信じているのである（第8章を参照）。

こうした新しい取り組みをしたからと言って、石油精製所をないがしろにするわけではない。それとはまったく逆で、私たちは石油精製の絶えず変化し続ける市場と環境を予測し、そのニーズに合うようにこれからも存分な投資を続けていくつもりだ。これには、ますます厳しくなる廃棄物基準やエネルギーの使用に関する基準を満たしたり、シェール（泥板岩）やオイルサンド革命に起因する原油の新たな供給を効率的に処理したりすることが含まれる。シェールやオイルサンドはアメリカやカナダではすでに利益を生み、多くの人々により安く信頼のおけるエネルギーを提供し、多くの企業に莫大な良い利益をもたらしている。

私たちはカナダのオイルサンドからの原油はアメリカ経済にとって利益になると信じている。私たちがキーストーン・パイプラインに興味があるのはそのためだ。批評家のなかには、キーストーン・パイプラインが建設されれば、私たちにとっては二〇〇億ドルの利益になると言う者もいるが、それは単なる幻想にすぎない。

私たちの試算によれば、キーストーン・パイプラインが建設されれば、カナダの原油に対して私たちが支払う代金は一バレルに付きおよそ三ドル上昇する。なぜなら、そのパイプラインによって私たちの石油精製所以外の場所への輸送コストが減少するからである。ミネソタの石油精製所を運用するための、私たちの最近のカナダ原油の購入量は一日当たりおよそ二四万バレルである。私たちのカナダでの原油生産量は一日当たり一〇〇バレルを下回る。したがって、キーストーンが操業を開始すれば、コークの総利益は一年で二億六〇〇〇万ドル減少する勘定になる。

このパイプラインによってコークがもう一ドル利益を上昇させる（二〇〇億ドルの利益が出るなんて、だれが言ったんだ）ためには、私たちのカナダでの原油生産量を二〇〇〇倍以上に増やさなければならない。こんなことは不可能だ。

理解の層

ほかのビジネスにも言えることだが、石油精製ビジネスにおいては市場に関する理解を高めることが成功するうえで必要不可欠だった。市場に関する世界クラスの知識を取得し、定量的分析を開始したのは一九七〇年代のことだ。ビジネスをグローバル展開し、物的資産を拡大するのが目的だった。コミュニケーション手段と交通手段が発達し、市場がグローバル化した今日、グローバルな思考力を持つことは極めて重要である。国によって規則も文化も言葉も異なり、現場での専門知識も要求されるため、複数の国でビジネスをやるのは難しく、新たな能力が求められる。

私たちがコモディティートレードのために取得した定量的リスク管理能力は、莫大な金融資産と年金ファンドの投資能力を高めるのに役立った。二〇〇八年の金融危機でコークが資産を保全することができたのは、この能力のおかげである。

弟のデビッドはビジョンと理解を共有することの重要性を実証してみせた。彼が利益を成長の継続のために盛んに再投資したおかげで、コークのプロセス装置とエンジニアリングビジネスは一九六一年から一〇〇〇倍以上も成長した（父はデビッドのエンジニアとしての素質を見抜いていたのかもしれない）。

デビッドがテクニカルサービスマネジャーとしてコーク・エンジニアリングに入社したのは一九七〇年のことで、一九七九年に社長に就任した。彼はチームと一丸となって、製品ラインとその能力を拡大させ、コーク・ケミカル・テクノロジー・グループ（ＫＣＴＧ）を設立した。コーク・ケミカル・テクノロジー・グループは今では、物質移動、燃焼、公害防止、伝熱、膜分離、ガスプラントの設計・建設といったプロセステクノロジービジネスの大手である。こうした優れた処理とプロセス装置によって燃料や化学製品が、高い純度でしかも少ない廃棄物で、より効率的に製造できるようになった。また、コーク・ケミカル・テクノロジー・グループの膜分離システムによって工場排水を飲み水に変えることができるようにもなった。これは価値創造のもう一つの例である。

重要な実験

ほかの人にはそうは思えないかもしれないが、林産物ビジネスは原油の精製ビジネスと共通の特徴がたくさんある。木材パルプ製造は石油精製といった化学処理を使うだけでなく、どちらのプロセスもさまざまな原料を使ってさまざまな製品を生みだす。どちらのビジネスも、エンジニアリング、最適化、商取引、ロジスティックス能力を持つことで利益を得る。

こうしたことを念頭に入れ、二〇〇四年、コークのビジネス開発グループは小さな林産物取引会社の買収に乗り出した。この分野におけるほかのビジネスが不調に終わったあと、私たちはジョージア・パシフィック（ＧＰ）が株価に不満を持っていることを知った。株価が下がっているのは、ジョージア・パシフィックはコモディティー会社（実際にはビジネスのほぼ半分は、トイレットペーパー、ペーパータオル、皿、カップといった消費者向け商品）だと認識されているためだと経営陣は思っていた。

この認識を変えるために、ジョージア・パシフィックは二つのパルプ工場を含め、さまざまなコモディティー資産を売ろうとしていた。私たちはジョージア・パシフィックの経営陣に接近し、二〇〇四年、それらの工場を六億一〇〇〇万ドルで買い取ることに成功した。

この買収は重要な実験だったと思っている。市場ベースの経営（ＭＢＭ）と化学プロセス能力を林産物にも応用できないものだろうかと、私はかねがね考えていた。この実験の結果によって、林産物をコークのビジョンに含むべきかどうかが決まるわけである。ＭＢＭの応用によって経常利益だけでなく将来的な機会も増えたため、ジョージア・パシフィックのパルプビジネスの買収は成功だったことが分かった。当然ながら、私たちはこの分野のさらなる機会を模索し始めた。

二〇〇五年、私たちは深呼吸して、ジョージア・パシフィックのすべてのビジネスを買い取るというオファーを出した。そのためには当時において史上二番目に大きな担保権を設定する必要があった。買収価格は二一〇億ドルで、それまでで最大の買収だったインビスタの買収の五倍を上回った。

ジョージア・パシフィックの買収によって取得した林産物と消費者用製品ビジネスは、コークにさらなる能力を与え、コークの成長を支えた。ジョージア・パシフィックは世界最大のティッシュペーパーのメーカーで、キルテッド・ノーザン（Quilted Northern）、エンジェル・ソフト（Angel Soft）、ブラウニー（Browny）、スパークル（Sparkle）、ディクシー（Dixie）など北米の主要な消費者ブランドを保有していた。また、林産物業界――デンズ（Dens）石膏製品やプリタニウム（plytanium）合板などのブランドの建築製品やパッケージング――においてもリーダー的存在だった。

さらなる多様化

顧客に対する価値を創造する方法を拡大・改善するという能力駆動型アプローチを使って、私たちのビジネス開発チームは新たな機会として、二〇〇六年、ガラス産業に目を付けた。最終的には、二〇一二年にガーディアン・インダストリーズの株式を四四・四％取得した。ミシガンに本社を置くガーディアンは、家庭、オフィス、超高層ビルに使われるエネルギー効率の良いガラスを製造しているグローバルなガラス製造業者だ。自動車用の合わせガラス、鏡、被覆ガラスや特殊なガラス製品を製造している。

私たちの二番目に大きな買収はモレックスである。この会社はコネクターやスマートフォン、コンピューター、自動車用の部品や、ありとあらゆる電子デバイスを製造する大手グローバル企業だ。モレックスは、新製品（ジョージア・パシフィックやガーディアンといったコークのほかのビジネスにとって重要な製品も含め）の迅速なイノベーションと商品化によってまだ満たされていない顧客のニーズを見つけ、それを満足させるべく日夜努力している。

コークのモレックスの買収に驚いた人もいた。インビスタやジョージア・パシフィック（どちらも化学処理産業）のときのような正当な理由を見つけることができなかったからだ。しかし、コークがどこに機会を見いだすかを理解するには、私たちが能力駆動型の会社であることを忘れてはならない。MBMの五つの要素と、コマーシャルエクセレンスといったコークの中核となる強みによって、モレックスは素晴らしい価値を創造し、それが成長のための強力な基盤につながることを私たちは確信している。これは互いにとって利益になることである。モレックスのエレクトロニクスとIT能力は、コークのほかの製品やプロセスの増強に大いに役立ち、ビジネススタイルも大きく改善されるはずである。

現在のコーク・インダストリーズは九つの主要ビジネスグループ（付録Aを参照）と、株式の一部を取得している数多くの会社、マタドール・キャトル・カンパニーとで構成されている。これらのいずれも、MBMとその応用方法について共有する教訓から利益を得ている。また、程度の差こそあれ、私たちの中核となる六つの能力からも利益を得ている（第6章を参照）。

これには牧場経営ビジネスも含まれる。これはフレッド・コークの最初の投資から発展したもので、今ではアメリカで一〇本の指に入る肉牛の飼育場として知られるまでになった。マタドール・キャトル・カンパニーは赤牛の育成を専門とする会社だ。赤牛は、日本人が九〇年に渡る種の厳格な交配によって作った品種だ。赤牛のさし（霜降り）は一価不飽和脂肪酸を多く含むため、心臓にとても良い。また、赤牛は世界で最も柔らかくておいしい肉である。

グランドプラン（壮大な計画）と実験による発見

これまでコーク・インダストリーズの歴史をざっと見てきたわけだが、私たちは日進月歩の努力を積み重ねながら、次々と成功を収めてきたという印象が強いかと思う。実は、これはとんでもない誤解である。

赤牛でニッチを見つける前の一九九〇年中盤、私たちの農業関連ビジネスは「根拠なき熱狂」状態にあった。私たちは、このうえなくおいしいステーキを生産し、それをプレミアム価格で売り、ひき方や焼き方を革命的に変え、ピュリナミルズを買収して、家畜肉を供給する世界のリーダーになることを計画していた。

「ガスからパンまで」を供給することが私たちの目指すところだった。ガスからパンまでとは、天然ガスから窒素肥料、穀物、小麦粉……から棚にすぐ出せるピザ生地まで、私たちが提供できるプロダクトチェーンを意味する。

私たちは試行錯誤アプローチで多くの過ちを犯した。これは前に述べたとおりである。大規模なベンチャーをいきなり始める前に、その有効性を確かめるのが良い試行錯誤アプローチである。実験の規模は、その機会のリスク調整済み可能性に比例したものでなければならなかったわけである。

私たちは、この「実験による発見」モデルを「ガスからパンまで」に適用することを怠った。その結果、大きな損失を出してしまったのである。皮肉なことに、売れ残ったピザ生地は農場の動物たちにエサとして与えられた。

ビジネスであれ、経済であれ、科学であれ、進歩というものは実験と失敗から生まれるものだ。実験よりも「グランドプラン」を好む人は、失敗した実験は社会の進歩を創造するという役割を果たすことを理解していない人である。失敗は何がうまくいかないのかを直ちに効率的に教えてくれる。何がうまくいかないのかが分かれば、無駄を最小限に抑え、少ないリソースをうまくいくものに振り向けることができる。市場経済は実験による発見プロセスである。そのプロセスにおいてビジネスの失敗は必然であり、できるだけ失敗をしないようにしようとすれば、さらに大きな失敗を招くだけである。

実験による発見を成功させるためには、実験を正しく設計するだけでなく、賭けを制限できるように、いつ実験しているのかを「認識」することが重要だ。コークの会社は、私たちが実験をしていることを忘れ、あたかもリスクが小さいかのような賭けをしたとき、失敗した。

最悪の賭けの一つは、一九七〇年代初期に、石油とタンカーのトレーディングポジションを取りすぎたことである。一九七三年から一九七四年にかけてのOPEC（石油輸出国機構）危機で、私たちは扱える限界を超えたポジションを取った。アラブ諸国が石油の供給を控え、タンカー市場が崩壊したことで、私たちは莫大な損失を被った。これは明らかに重要な学習経験だったが、こんな学習経験はまっぴらごめんだ。

コークが失敗したのはこれくらいだと言いたいところだが、実際には失敗はほかにもたくさんあった（付録Bを参照）。皮肉なことに、成功のキーファクターはそういった間違いを進んで認め、損失をタイムリーに減らしたことだった。あまり重要ではないビジネスを救うために限りあるリソース（才能）を浪費するのではなく、そのリソースを本当に可能性のある機会に集中させることが重要であることを私たちは学んだ。

多様な視点で物事を見ると、ハッとさせられる思いに突き当たる——悪い取引をすべて合わせた損失は、私たちがとらえ損なった大きな機会から得られたであろう利益よりも少ない。それは、石油の精製所であり、石油備蓄であり、肥料会社であり、化学会社である。これらのビジネスのいずれも、正しい時期に導入していれば、損失を上回る利益を上げていただろう。

しかし、私たちが売却したり撤退したビジネスの多くは、失敗したから売却したり、撤退したわけではない。これらのビジネスは実際は成功したのだが、ライフサイクルのなかで、もはや十分な価値を創造することができないと思われる地点に達したのである。だから、売却し、撤退したのである。これらのビジネスは、私たちよりもほかのだれかの役に立ったのである。

それぞれの会社の能力や状況の違いを考えれば、どのビジネスあるいは工場も価値はそれぞれに大きく異なる。人が一つの製品、サービス、機会をほかのものよりも高く評価するのには理由がある。私たちが成功してきたのは、私たちにとって可能性に限界があるビジネスから撤退し、大きな可能性を持つビジネスに集中してきたおかげである。

聖書にもあるように、「造家者らの棄てたる石は、これぞ隅の首石となれる」。この言葉はコークに通じるものがある。私たちの成長の過程で選んだ石のなかには、私たちに合うものもあり、合わないものもあった（合わない石はほかの人の家の隅の首石になるかもしれない）。

私たちが石を選ぶたびに、次の石の形が明らかになる。

第3章　女王と女性従業員とシュンペーター──創造的破壊がもたらす信じがたい（時として恐ろしいほどの）利益

「資本家がやらなければならないことは、女王により多くのシルクのストッキングを提供することではなく、労力を減らしてきた見返りとして、ストッキングが女性従業員たちの手の届くようにすることである」

──ジョセフ・シュンペーター（ジョセフ・A・シュンペーター著『資本主義・社会主義・民主主義』〔日経BP社〕より）

私の妻のリズは、一九七二年に結婚したとき、面白い生活になることは分かっていた、とジョークを言う。しかし、彼女は「ゾッとするような恐怖」の瞬間もあることを分かっていなかった。

その瞬間の一つは、結婚後間もなくやってきた。私たちは、私がボストンからウィチタに戻ったときに住んでいた男の一人暮らし用の狭いアパートに居を構えた。部屋は本であふれかえっていた。コークの本社はウィチタにあり、私たちは二人ともここで生まれて、ここで育った。だから、私たちはここに落ち着き、ここで家庭を持ちたいと思った（一九七五年にエリザベスが生まれ、一九七七年にチェースが生まれた）。

一九七四年、私たちの最初の家の建設が始まった。それはちょうど、コーク・インダストリーズ（ＫＩＩ）が会社として夜明け前の暗い時期を過ごしていた時期である。オイルショックが勃発し、アメリカでは賃金・物価統制が始まった。コークはダブルパンチを食らった。倒産するのではないかと危惧したくらいだ。

ある夜、掘ったばかりの家の基礎の縁に座り、穴のなかで足をぶらぶらさせながら、私は間違ったことをしているかもしれないなどと考えていた。もし会社が倒産すれば、この家もダメになる。「そうだな。まだ遅くはない。今からだったらこの家の建設をキャンセルして、穴を埋め戻せる」と、私はリズに言った。

痛い思いもしたが、会社も穴も何とか生き残った。私たちは今でもその家に住んでいる（この家は一九七〇年代から何度かリフォームしたが、建て替えはしていない）。最終的にはすべてうまくいったものの、その経験によって、人生を変えてしまうような損失が神経にどんな影響を与えるのかを教えられた。

リズもこれを理解している。彼女の祖父のアレン・ヒンケルはウォーレンスタイン・アンド・コーン・ボストン・ストアで働き、最終的には完全所有権を手に入れ、ヒンケルズ百貨店と改名した。最盛期にはアメリカ南西部に一四店舗を構えた。リズは一三歳でヒンケルズのウィチタにある二つのストアで小売りの仕事を始めた。二二歳になるころには、女性・ジュニア向けセパレーツのバイヤーのポジションに上り詰めていた。この仕事は多大なビジネス感覚と責任感が要求されたが、彼女はすぐになじんだ。彼女はその年齢にしては知識が豊富だった。

一九七〇年代には、顧客はヒンケルズのような小さな百貨店よりもKマートのようなディスカウントストアを好むようになったため、家族経営の百貨店のほとんどは時代遅れとなった。顧客に対する個別サービスはコストがかさむようになった。ヒンケルズのような大きな百貨店の対極にあったのが小さな専門ショップ（間接費が少なくて済む）で、これらが競争力をつけてきたため、大きな百貨店の多くは廃業に追い込まれた。

また、顧客が買い物にアメリカンエクスプレス、ビザ、マスターカードを使い始めると、ヒンケルズが発行したクレジットカードは使われなくなり、その金利収入もなくなった。さらに悪いことに、ヒンケルズはそのクレジットカード加盟料として銀行に手数料（五％と高いことが多い）を支払わなければならず、クレジットカードからの純利益はマイナスになった。インターネットがヒンケルズのような実店舗を持つ百貨店を創造的破壊によって脅かすようになるずっと以前に、ヒンケルズをはじめとする家族経営の無数の百貨店は姿を消すことになった。

成功するビジネスパーソンは「足元から崩れゆく」地面の上に立つ（『エコノミスト』誌二〇〇七年四月二八日号の本・芸術セクションの『Joseph Schumpeter : In Praise of

Entrepreneurs』のなかで引用）。こう言ったのはジョセフ・シュンペーターである。彼は一九三〇年代と四〇年代にハーバードで教鞭を執った二〇世紀の最も重要な経済学者の一人である。成功の希薄さについての彼の観察は、確立した会社が直面する動かしがたい事実である。

この現実からは逃れられないことを、コークはずっと以前から気づいていた。アダム・スミスが三〇〇年前に言ったように、人々は会社を政治的手段で守ろうとしてきたが、それは社会全体に損害を与えることになる。コークはこの慣行には従わず、シュンペーターが「創造的破壊」と呼んだものを駆動力にして、「新しい商品、新しいテクノロジー、新しい供給源、新しい組織」を創造してきた（シュンペーター著『資本主義・社会主義・民主主義』より）。

二〇一四年、リズと私は、彼女の七〇歳の誕生日を祝って、子供や孫たちと一緒に一生に一度のフランス旅行を楽しんだ。フランスに滞在している間、感心させられることがたくさんあったが、オンライン小売りからの値引き本の無料配達を禁止することで、小さな町の本屋を守ろうとするフランスの新しい法律には反対だ。

私は生粋の本人間だ。私の家には数え切れないくらいの本があり、ウィチタの私のオフィスの壁にも本が積まれている。しかし、本を愛するのと同じくらい、小さな本屋を保護することを人々に強要することは、フランスの消費者に対して失礼に当たると信じている。これは、書籍販売の古いモデルの下で地面は崩れゆくという現実を無視している。

ビジネスの役割は、政府に圧力をかけて、提供されるともされないともしれないものを要求するのではなく、顧客が価値を置くものを尊重して、それを提供することである（たとえそれが別の形のマーケティングであっても）。政府に圧力をかけて自分たちの要求を通そうとする行為は、顧客に対する究極の無礼な行為である。人々の幸福が最大化される社会では、会社は顧客の声に耳を傾け、絶えず変化する彼らのニーズや要求を満たすという良い仕事をしているときのみ利益を得ることができる。

会社がそれをうまくやれば、会社は利益を得、社会も利益を得る。しかし、そのためには、顧客のニーズと希望は常に変化しているという事実を深く受け止め、理解する必要がある。

これが意味するものは、例えば、顧客が尊重されれば、大型コンピューターはパソコンに取って代わられるだろうということである。あなたが大型コンピューターのメーカーであれば、これは恐ろしく感じられることだろう。小さな本屋の経営者も、減少するガソリンの要求に直面した石油精製業者もしかりである。顧客の絶えず変化する要求に対応し、それらを予測し、彼らのニーズに応える。これは顧客の尊重あってこそのことである。

良い利益を生みだすのに必要な条件を避けて通ることはできない。このシステムこそが、顧客を満足させるために最大限の努力をする人々を成功に導くのである。シュンペーターは次のように言っている。「……産業の変化過程では……経済構造はその内側から絶えず変革を起こし……絶えず古い構造を破壊し、新しい構造を創造する。この創造的破壊プロセスこそが資本主義の重要な事実である」（シュンペーター著『資本主義・社会主義・民主主義』より）

シュンペーターの創造的破壊という概念は、長い目で見れば、それを容認する社会に生きる人々に利益を与える。足元から地面が崩れ去った会社経営者や従業員にとって、この概念はすぐには理解できないかもしれない。

一つの会社が創造的破壊を通じて成功すれば、ほかの会社やコミュニティーに連鎖反応を引き起こす。傷つく者もいれば、助けられる者もいる。しかし、社会全体で見れば人々は幸せになる。

論理と感情

大人になると、両親が人々のことをいかに深く思いやっていたかが分かるようになった。しかし、父と母のやり方は違った。母は他人のニーズを重視し、彼女の知っているだれに対しても強い責任感を感じていた。彼女は非常に繊細な人だった。たとえ自分が傷つくことがあっても、他人のことを思いやる、というのが彼女のやり方だったのではないかと思っている。彼女は彼女が心配する人々からの誘いや要求を断ることに罪悪感を感じていた。たとえ、同時に四カ所に行かなければならなくても。

父の懸念は母よりももっと非個人的（特に、共産主義の拡大を心配していた）なところにあったので、父と母は互いを補い合ってちょうどバランスが取れていた。「こういった無機質な思想が、心優しい人間を生みだすとは思えない」と友人の一人に宛てた手紙にこう書いてある

（フレッド・コークからドクター・ウォルター・F・リットマンへの手紙より）。

私も父と同じように、数学が得意で論理的な人間だが、ありがたいことに、人を大切にする直観的な妻とよくバランスが取れている（ベルガモの話を聞いて、私がイタリア人嫌いだと思わないでほしい。リズの旧姓はバジィだが、私は四八年前に彼女に出会ってからずっと彼女の温かさと忠誠心の恩恵を受けてきた）。

創造的破壊のなかに常に存在する論理と感情の間の緊張はずっと私を魅了し続けた。一九六〇年代の終わり、弟のデビッドのニューヨークのガールフレンドと交わした政治哲学についての激論のことはよく覚えている。この激論はかなり長く続いた。政府はどこまで人々の生活に介入すべきかについて、彼女は次第に極端な意見を言い始めた。彼女は、政府は人々の生活に多いに介入すべきだと言った。それが人々にとって良いことだと思えたかららしい。

最後に私は、立憲制の下で提供される個人の権利の保護を信じているかどうか聞いた。彼女は信じていないと答えた。政府は一般大衆が望むと望まざるとにかかわらず、自由に行動すべきだと彼女は言った。

「じゃあ、もし君が赤毛だったら、大多数の人がすべての赤毛を殺すことに投票しても、君は構わないのかい」と私は彼女に挑んだ。彼女の攻撃的な議論もここまでで、彼女は泣き出してしまった。彼女の信念体系は粉々に打ち砕かれ、彼女は翌朝まで泣き続けた。

彼女の反応は、私に強烈な印象を残した。五〇年たった今でも忘れられない。これは、人々に事実や論理ではなく、感情によって固定観念を持たせるものが何なのかを理解するうえでのヒントになった。それは人によっては心地良く感じられないかもしれないが、女性従業員にウィリアム王子の配偶者であるケイト・ミドルトンが履いているのと同じシルクのストッキング（あるいは私たちのナイロン、リクラから作られたもっと良いストッキング）を提供することが目標であるとするならば、論理――そして、歴史――は、政府が既存の企業を保護することで成長を限定するよりも、マーケット駆動の創造的破壊のほうがずっと良いことだと教えてくれる。

もちろん、悪いこともある。創造的破壊が工場を倒産させれば、その女性従業員の来年の仕事は無くなるかもしれない。これは重大だ。

これが女性従業員にストレスや恐怖を与えないと言うつもりはない。ただし、これだけははっきり言える。彼女たちの生活水準は、建設的な変化を容認しない社会よりも、容認する社会でのほうが何倍も高くなる。なぜなら、建設的な変化を容認する社会では、革新率や生産性が大幅に向上するからである。

創造的破壊の良い面は価値を創造することである。これは人々の生活を向上させるので、社会の幸福度は増す。成功する会社は、顧客がほかのものよりも高く評価する製品やサービスを提供することで、価値を創造する。例えば、小さな本屋の棚に並んでいる高い本よりも、家に届けてくれる安い本のほうを顧客は高く評価する。成功する会社は、顧客に個人経営の書店で本を買うことを強要することで良い利益を得ようとはしない。それは悪い利益である。良い利益は、顔のないウェブサイトやそのアルゴリズムによって家に本を届けてくれるサービスに喜んでお金を払うような、あるいは本のほかにもいろいろな物を売っている大規模小売店で本を買うような顧客に応えることで得られるのである。

繰り返すが、顧客に応えることは社会における会社の役割である。かつて人気のあったブラックベリーが利益を生まなくなったのは、ブラックベリーは直接通信は効率的にできるが、iPhoneに比べるとアプリが少なく、そのためインターネットへの接続が困難だからである。古い製鉄所が、鉄鉱のかわりにスクラップを処理する、より効率的な小さな製鉄所に負けたのも同じ道理だ。ガソリンスタンドはコンビニエンスストアに取って代わられた。しかし、どのケースでも顧客の暮らし向きは向上した。

利益の出せない企業に補助金を出したり、政治的手段（例えば、フランスのラング法）によって保護すると、その企業はリソースを効率的に使わない。損失を出すということは、消費者がそのリソースのほかの使い方をより高く評価していることを意味する。リソースのムダな使い方が社会で繰り返されれば、幸福は蝕まれる。企業を人工的に保護することは、消費者にとって悪いことであり、その企業の社員にとっては特に悪い。変化は避けることはできないのである。自然な崩壊にさらされない企業は、より深刻な衝撃にさらされ、より困難な調整を迫られる。デトロイトのようなところに住む人々はこのことを痛いほどよく分かっている。進化しない企業の社員は、やがては失業する。

市場ベースの経営哲学を開発したとき、私は人々に貧困、依存、絶望の一生を運命づける思想家や社会を当てにはしなかった。市場ベースの経営（ＭＢＭ）は現実に向き合い、論理的に考え、これらによって周期的に訪れる恐怖感を受け入れようとする哲学者、経済学者、心理学者の英知から生まれたものである。

創造的破壊の条件としての経済的自由

組織は社会を縮小したものだ。したがって、ＭＢＭは正しく導入すれば、広範にわたる幸福と機会を創造する自由な国民経済と同じように、ポジティブな結果を達成することができる。自由社会は、たとえ人々に偉大な天賦の才はなくても、幸福と機会を生みだす。例えば、香港やシンガポールは豊富な天然資源には恵まれていないが、人々の生活水準は世界のトップクラスである。

もちろん、彼らにはニュージーランドやスイスのような社会的・政治的自由はないが、彼らにはほかの国にはない経済的自由が与えられている。したがって、機会も最大だ。

フレイザー研究所の世界経済自由度指数は、特定の国の人々の仕事、生産、消費、投資を選ぶ能力に影響を与えるさまざまな要素を勘案して、世界の国々の経済的自由度をランキン

図2　経済自由度指数とGDP

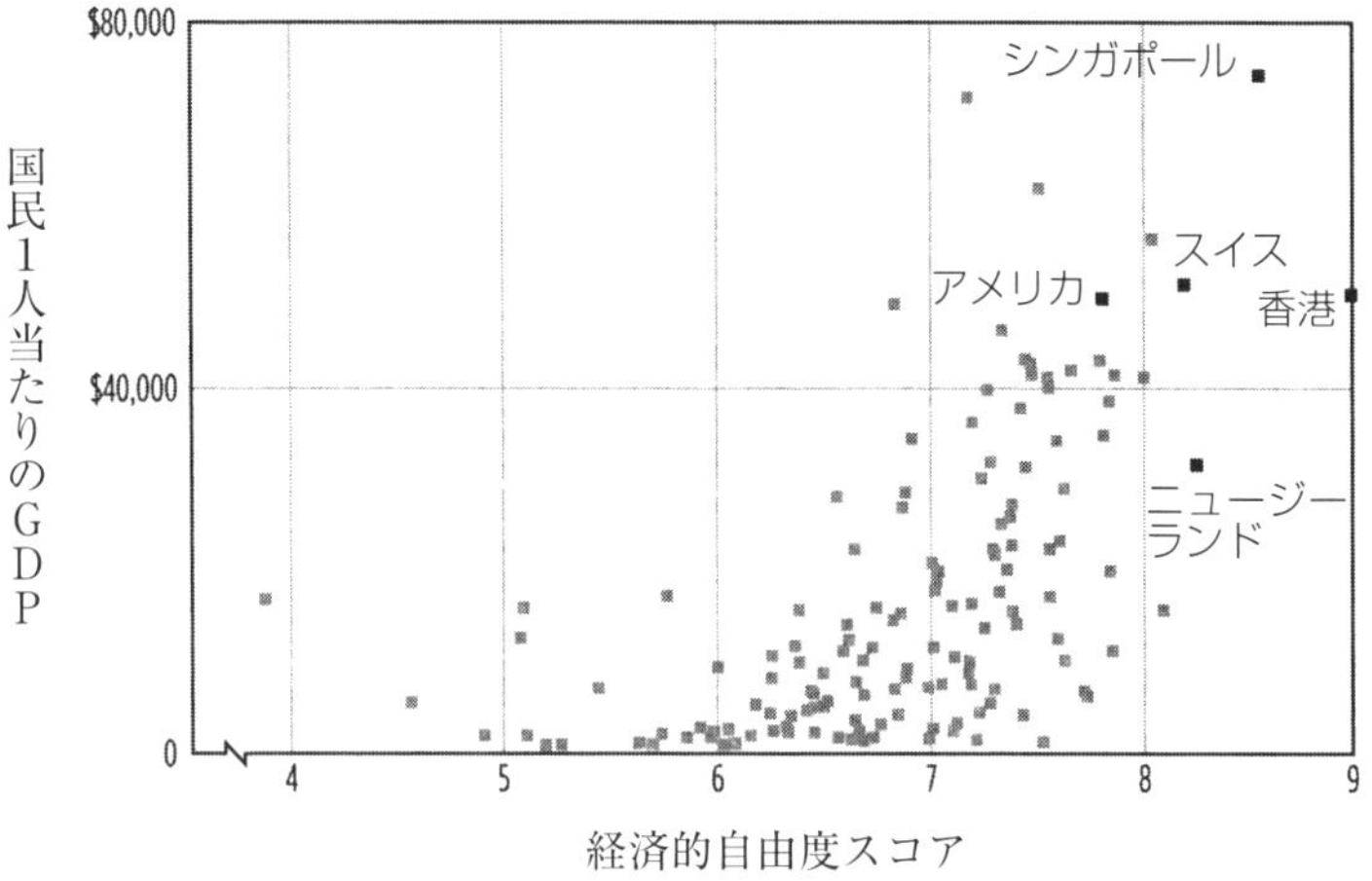

出所＝フレイザー研究所（http://www.freetheworld.com/）の世界経済自由度2014年年次リポート（2012年のデータに基づく）

グしたものだ。これらの要素には、財産権、自由貿易、正貨、害になる規制が含まれる（http://www.freetheworld.com/2014/EFW2014-POST.pdfを参照）。

経済的自由度が高いと、国民一人当たりの所得が高いだけでなく、寿命も長く、環境基準も高く、健康や教育は向上し、腐敗は少なく、生活水準（特に貧困者の）も高い。

実証研究によれば、長期的な幸福は自由社会でのほうが拡大することが分かっている。逆に、天然資源に依存する自由のない社会が繁栄する例はごくまれで、繁栄したとしても長続きしない。自由社会で生きる機会に恵まれなかった圧倒的多数の人々の人生は、「貧しく、不快で、野卑で、短命だ」とトマス・ホッブスは言っている（トマス・ホッブス著『リヴァイアサン』より）。
企業は、自発的な協力と競争を通して秩序づけられた自由社会でのほうが、政府の命令によって秩序づけられた自由のない社会よりも、はるかに多くの幸福を生みだすことができる。道徳上の品行ルールのある社会では、自分たちが利益を得ようと思ったら、他人に利益を与えなければならない。アダム・スミスはこれを次のように要約している。「われわれが夕食を食べることができるのは、精肉店の慈悲心によるものでもなければ、造り酒屋やパン屋の慈悲心によるものでもない。それは彼らにとって利益となるからである」（アダム・スミス著『国富論』より）
現在の辞書や教科書では、利己心は身勝手さや自己陶酔と混同されることが多い。アレクシ・ド・トクヴィルが重視するのは、彼が一八〇〇年代のアメリカ経済のなかに見た、見識のある利己主義である。アメリカ人には他人に利益を与えることで自らも利益を得るというスタンスがあった。「アメリカ人は……正しく理解された利己主義の原理によって、生活上のほぼすべての行動を説明することが好きだ。彼らは、自らを尊重することが互いの助け合いを促すことにつながることを満足げに説明するのである」（アレクシ・ド・トクヴィル著『アメリカの民主政治』より）。
利己心を持つべきかどうかは問題ではない。なぜなら、利己心の反対は絶滅だからである。重要なのは、その利己心を世の中のためになるようにどう振り向けるかである。「リソースが不足した世界では、少なくとも家族や親しい知り合いを含めた利己心という強力な手段がなければ、だれも生き残ることはできないだろう」と法律学の教授で多くの著書があるリチャード・エプスタインは書いている（リチャード・エプスタインの「The Limits of Liberty」より。『リーズン』誌の二〇〇四年三月号）。「そういった利己心は、見知らぬ人に出くわしたとき、敵意もしくは協力といった形で現れる」。

市民社会だろうがビジネスだろうが、互いの利益は、人々が利己心を推進するときに、敵意（力または詐欺）を持たないようにするためのルールがあるときのみ達成することができる。ノーベル経済学者のバーノン・スミスによれば、こうした「互いのやりとりのためのルール」は、「所有権であり、互いの合意のうえでの所有権の譲渡であり、約束を履行すること」である（バーノン・スミスのノーベル賞受賞講演［二〇〇二年一二月八日］。タイトルは、「Constructionist and Ecological Rationality in Economics」）。このシステムでは、政治的手段ではなく、経済的手段による利益の追求が促進される。経済的手段で価値を創造することができない企業は、すべての人の幸せを損なう。

政治経済学者のフランツ・オッペンハイマーは、人々が自分たちの望みをかなえるためにリソースを手に入れるこれら「二つの根本的に対立する手段」を明確に区別している（フランツ・オッペンハイマー著『国家論』より）。経済的手段によって利益を得ることは、あなたの商品やサービスを自由意志によって他人とお金でやりとりすることを意味する。双方がより良くなると信じることができなければ、両者とも進んでやりとりしようとはしないだろう。したがって、自由意志によってやりとりするシステムでは、他人をより幸せにすることで、長い目で見ればあなたも利益を得ることができる。

一方、政治的手段によって利益を得ることとは、商品やサービスやお金を、力や詐欺によって——例えば、消費者の選択を変える法律や規制、あるいはバーノン・スミスのやりとりのルールにそむき、契約を履行しない人に責任を課すことのない法律や規制——、一つの当事者から別の当事者へと移転させることを意味する。

私たち全員が互いに利益になるやりとりのルールに基づいて、利己的な行動を取ることで、経済的手段によって価値が創造される。これによって、政府によって定められたものではない調和のとれたシステム、ハイエクが言うところの社会における「自生的秩序」が生みだされる。一九四〇年代、ハンガリー生まれの博識家で、カール・ポパーを科学界最大の哲学者の一人と言ったマイケル・ポランニーは、組織には独自の自生的秩序があり、社会において価値を創造するうえで役立つのがこの自生的秩序であることを見いだした。

ポランニーの自生的秩序は、ベルガモ近くの労働組合リーダーが、イタリアで実行するにはあまりにも過激と考えた秩序である。「労働者が働き、経営者が考える」は、指令・制御のアプローチであり、指令・制御に支配されている企業は、イノベーションを起こすことはなく、長い目で見れば競争に負ける。そういった企業は、有益なインセンティブと一般的な行動基準に従う企業とは違って、女性従業員が手に入れることのできるシルクのストッキングを作ることはできない。

アダム・スミスとハイエクは、繁栄は自生的秩序によって生みだされることを示した。自生的秩序とは、人間が設計したものではない、台本にない人間の自然な行動から生まれる秩序である。アダム・スミスはこれを「見えざる手」と言った。正しいシステムの下では、見えざる手に導かれて、自分がまったく意図していなかった目的を達成する行動を促進することになる（アダム・スミス著『国富論』より）。また、ハイエクは、社会全体に拡大した知識は生産的な使い方をしなければ、繁栄はもたらされないと言った。つまり、知識は収集されて「悪意を持って秩序を作る権威」に運ばれてはならないということである（F・A・ハイエク著『致命的な思いあがり』［春秋社］より）。

この論点は、経済学者のトーマス・ソウェルの『知識と決定』のなかで次のように記述されている。「ソビエトの釘工場が生産量を重さで測ったとしたら、重い釘は売れずに棚に残ったままで、国は小さな釘を作ってくれと泣いて頼んでいるにもかかわらず、彼らは大きくて重い釘を作るだろう」（トーマス・ソウェル著『ナレッジ・アンド・ディシジョン［Knowledge and Decisions］』［一九八〇年］より）。言い換えれば、人々が生活をどう運営していくかを政府が決めるとき、だれも（権力者以外）が損をするということである。

しかし、人々や企業が自分たちや他人が高く評価するものを知ったうえで、自由にイノベーションを起こせば、消費者は利益を得、企業は良い利益を生みだすことができる。

釘を必要とする人々のニーズに応えることができるのは、台本にない人間の自由な行動によって生みだされる自生的秩序だけである。価格と利益と損失とから知識を生みだす自由社会の原理を用いることで、組織は莫大な利益を得ることができる。利益と損失を生みだす要素を理解することで得られる知識によって、組織は必要な釘の数と種類を決定することができるのである。

最も愛された仮説さえも反証し、知識を自由に共有する科学コミュニティーの行動原理を複製することはイノベーションを生む。また、それは組織にパワフルな利益をもたらす。ポランニーは一九六二年の論文『リパブリック・オブ・サイエンス（The Republic of Science）』で、科学者共同体とビジネスを次のように比較している。


科学者共同体のあり方は、国家に似た特徴があり、経済原理に従って組織化される点も似ている。この経済原理は、有形財の生産を規制する経済原理に類するものである。これから私が言うべきことの多くは、科学者には常識だろうが、私が思うに、この常識をもってすれば、この主題（科学者共同体のあり方）は、政治経済理論から利すると同時に、政治経済理論に対する教訓にもなり得る斬新な観点から鋳直されることになる（マイケル・ポランニーの「The Republic of Science : Its Political and Economic Theory」より。『Minerva

二』［一九六二年］）。

コークがポランニーの『リパブリック・オブ・サイエンス』のなかの理論から利益を得たことは間違いない（私は本書を書くに当たっては、コーク全体の知識の源泉から情報を集めるという彼が述べている方法論を使った）。コークが顧客に対して優れた価値を創造できるのは、私たちが体制派の圧力に屈することなく、常に知識とアイデアを共有し、仮説を検証し、本当に機能するものに従って実験と調整を繰り返す、科学者の自由社会を具現化しようとしているからである。

昔、人々は太陽が地球の周りを回っていると思っていた。なぜなら、それはすべてのものは地球の周りを回るべきだという彼らの考え方に一致していたからだ。結局、人間は地球上の生物なのだから。こうして、昔の人は、地球が宇宙の中心であるという間違った「メンタルモデル」を作り上げたのである。この間違ったモデルによって、科学の発展は遅れ、政府が強制した宗教的教義に異議を唱えたガリレオは自宅軟禁された。

メンタルモデルは、私たちが私たちを取り囲む世界から受け取る無数のインプットを単純化して体系化する知的構造である。メンタルモデルは、私たちの思考、意思決定、オピニオン、価値観を形成し、支えてくれるものである。ルートヴィヒ・フォン・ミーゼスはメンタルモデルを次のように言っている。「歴史的な出来事を知的に把握するうえで必要なもの」（ルートヴ

イヒ・フォン・ミーゼス著『ヒューマン・アクション』〔春秋社〕より）

しかし、ブッダは、一般に信じられているからといって、あるいは教師がそれが正しいと言ったからといって、それを信じてはならない、と警告した。それに理性をもって同意でき、それがすべての人に善と利益をもたらすのは、「観察と分析を行ったあと」のみである（スレイ・スツゥ・ウ・バ・キン著「ホワット・ブッディズム・イズ〔What Buddhism Is〕」〔一九五一年〕より）。

私たちが物的世界でいかにうまく生きることができるかは、メンタルモデルの質によって決まる。同じことが経済世界についても言える。コーク・インダストリーズが莫大な時間と労力を使ってMBMメンタルモデルが現実に合うように常に修正し続けているのはこのためだ。間違ったメンタルモデルに基づく行動を取る企業は、最終的には失敗する。私たちが信じているからといって、あるいはそうなってほしいからと言って、必ずしもそうなるとは限らないことを忘れてはならない。

企業が現実に根ざしたメンタルモデルを使い、顧客が本当に価値を置くサービスを提供しているかどうかを見極める方法は、正しい行動ルールの下で長期にわたって利益を出し続けているかどうかを見ることである。資産を整理したり、長期的な成功のために必要な出費を控えることで得られる短期的な利益は幻想でしかない（私たちにクライスラー・リアルティーを買う機会が訪れたのは一九七九年のことだ。クライスラーは「利益」を出しているかに見えたが、実際には必要な投資をしなかったために倒産の危機にあった）。

私たちのビジネスの一つが長期的に利益を出しているとき、人々の暮らしが良くなるのを手助けし、競合他社よりもリソースをより効率的に使うことで価値を生みだすという私たちの目標は必ず達成されるものと自負している。

顧客に対して価値を創造する一方で、リソースをできるだけ節約することで、より多くのリソースを社会のほかのニーズのために使うことができる。長期的な利益は、消費されたリソースがほかの使い方よりもその使い方で高い価値を持っていることを意味する。つまり、消費者がほかの使い方よりもその使い方にお金を払うということである。

事業家のリソースは資本、原料、エネルギーだけではない。知識、労働、時間、情報もリソースに含まれる。これらのリソースをほかの製品やサービスよりも顧客に対してより大きな価値を持つ製品やサービスに変換することによって、あるいは同じ製品やサービスを提供するのにコストの安いリソースを少なく消費することで、優れた価値が創造されるのである。

例えば、スパンデックスよりも私たちのリクラ（LYCRA）を使って生地を作ったほうが、より大きな価値が創造される。なぜなら、リクラは破れないので、生地の生産者は生産ラインを速く動かすことができるからだ。また、リクラはスパンデックスよりも耐久性に優れ、延ばしたあとも素早く元に戻る。ガソリンがよりエネルギー効率のよいプロセスによって、あるいは高い生産量を生む方法で作られれば、出来上がる製品は同じかもしれないが、リソースは節約される。私たちは、消費者にとって安い商品のように目に見える直接的な利益を重視しがちだが、社会全体にとっての「目に見えない」利益のほうが時間がたつにつれて重要になる。

コークの会社は原油から燃料やアスファルトのような製品を作り、ポリマーからカーペットや衣服用の生地を作る。もしこれらの製品をコストの安い原料を少なく使って作ることができれば、いくつかのメリットがある。使わずに残ったリソースはほかのニーズを満たすのに使われ、社会の人々は低価格の製品を買うことができ、コークは良い利益を生みだすことができる。これらの利益は新しい製品を作るために再投資され、それによって新たな社員を雇い入れることができ、社員の賃金も上がる。

財産権や有益な行動ルールを持つ自由市場では、自由意志による取引から得られる利益は、一方の当事者がほかの当事者を利用していることを意味するわけではない。これとはまったく逆で、「良い」利益は、企業の社会に対する貢献度を測る指標なのである。

利益を生み続けない企業を、改革したり、もっと合ったオーナーに売却したり、あるいは廃業しなければならないのはこのためだ。もし企業が生き残るために、あるいはより多くの社員を雇うために、補助金を必要としたり、保護法を必要としたりすれば、その企業は良い利益を生まなくなる。解雇に伴うストレスや恐怖は当然ながらあるが、失業した人々がもっと生産的に働けるところで雇われれば、だれもが幸せになる。

社会も経済も政治も常に変化している。企業も、製品も、手法も、個人のスキルも、もっと優れたものに常に取って代わられる。取って代わるものから逃げるのではなく、それをむしろ求めていくビジネス哲学に厳格に従うことで、コークは全員が一致団結して懸命に働き、イノベーションを起こさず落ちぶれていく人々の二の舞を演じないように努めてきた。

企業は単に価格や製品の生産量だけを競っているのではないことを認識すべきである。企業は、新しくて優れた製品を常に生みだし、それらをほかの製品よりもより効率的に生産できるように努力すべきである。また、競合他社よりもイノベーション能力を高め、ムダを省くために、組織のあり方も常に見直し改善する必要がある。コークはMBMによってこれを成し遂げてきた。MBMを採用すれば、あなたの会社も私たちと同じように成功するはずだ。

シュンペーターの観察を再度見てみよう。「重要なのは価格や生産量の競争ではない。重要なのは、新しい商品、新しい技術、新しい供給源、新しい組織形態から来る競争である。この競争は、コストや品質の決定的優位を求めるものであり、現存企業の利潤や生産量の限界を攻撃するものではなく、彼らの基盤や存続そのものを攻撃するものである」（シュンペーター著『資本主義・社会主義・民主主義』より）

シュンペーターのこの言葉からは、私たちが顧客に提供するものが安い価格やより良い供給だけではないのはなぜなのかが分かるはずだ。私たちが、油田の集油システムのためにインビスタのラプター（Raptor）ナイロンパイプのような新しい製品を供給し続けるのはこのためである。ラプターナイロンパイプは鉄などのほかの材料と置き換えることができ、耐腐食性が高く、安くかつ簡単に設置することができる。私たちが、工業化学製品を作るためにバイオプロセスのような新しい技術を開発し続けるのもこのためである。私たちが、イーグルフォードの油田からコーパスクリスティ石油精製所に原油を運ぶといった、新しい供給源を配置するのはこのためである。そして、私たちが、すべての顧客、ベンダー、社員、コミュニティーが選んでくれるような新しいタイプの組織になることを目指してMBMを開発したのはこのためである。

MBMは、企業のあらゆる面において絶えず建設的な変化を促さなければならないことを教えてくれる。でなければ、私たちは失敗するだろう。そのために、私たちは買収だけでなく、社内開発や外部開発を通じて常に破壊的イノベーションと機会を追求し続けている。同様に、私たちは利益を生まないビジネスや資産、あるいは他人にとってより価値のあるビジネスや資産は手放す。私たちは競合他社よりも速く創造的破壊を推進しなければならない。そうしなければ、私たちは廃業に追い込まれるだけである。

どの企業も創造的破壊に対しては脆弱だ。しかし、MBMを採用すれば、企業は創造的破壊に圧倒されることなく、推進することができる。現実に根ざしたMBMメンタルモデル、顧客中心主義、イノベーションの三本柱によって、コークは世界最大で最も成功した非上場企業になり、長期にわたってほかに類を見ないパフォーマンスを上げている。

コークの社員の数は過去一〇年で七万人以上増えたが、操業を停止したビジネスもあり、リストラも行った。競争力を維持するために、私たちは心ならずもこうした決定をした。しかし、コインには両面があるように、こうした決定によってさらに多くの価値を創造することができるようになれば、長期的にはより多くの人を雇うことができる。また、操業停止の影響を受けた社員で、行いの正しい人には、コークのほかの部署での機会を提供するように努めている。もしこれが不可能なら、ビジネスコミュニティーのほかの場所での機会を見つけるようにしている。

成功している企業でも沈まないようにするためには多大な努力を必要とする。人間の性質を考えると、成功すれば、現状に満足し、自己防衛的になり、イノベーションもあまり起こさなくなる。逆境よりも成功に打ち勝つことのほうがはるかに難しい。第1章で述べたように、これは若いときに父から学んだ教訓だ――「逆境とは神が隠れ蓑を着て恵みを与えてくれることであり、逆境によって素晴らしい性格が形成される」のである。

フレッド・コークの言葉がこれほどまでに私を開眼させようとは思いもしなかった。フレッド・コークの言葉に導かれて、私は今日までコーク・インダストリーズでいろいろな思考を繰り広げてきた。私たちは顧客が何を高く評価するかは分からないが、顧客を満足させるより良い方法を提案することはできる。イノベーションの多くは、顧客に彼らのニーズを満たすより良い方法を提案する、互いに競合し合うサプライヤーによって促進される。ＩＢＭは大型汎用コンピューターにこだわったため、パソコンやインターネット革命で後塵を拝した。つまり、

ＩＢＭは競合他社によって推進された創造的破壊の犠牲者になったわけである。デジタル写真を発明したコダックにも同じことが言える。

組織が良い利益を生みだすためには、顧客が高く評価するものを常に発見し、尊重し、応え続けようとする気持ちが大切だ。彼らが将来的に何を高く評価するのかを予測することも重要だ。地面は常に私たちの足元から崩れ去るのである。良いニュースがある。シュンペーターは本当に先見の明があったと言えよう。今では、女性従業員たちは女王と同じシルクのストッキングを手に入れることができるようになった。

第4章 官僚社会と景気停滞の克服——あなたを自由にする経済的概念

「原理をしっかり理解している人は自分の方法をうまく選ぶことができる。原理を無視して方法を試そうとする人は、必ず苦労する」

——ラルフ・ウォルドー・エマソン（W・A・M・アルウィスが「Spoon-Feeding in 'Do' Disciplines」のなかで引用。『CDTL Brief 3』［二〇〇〇年五月］）

一九八〇年代初期のある日、私はある大手石油会社の副社長のオフィスで、彼が言う会社の悩みについて困惑しながら聞いていた。官僚社会、変化への抵抗、お役所仕事……と、その会社はいろいろな悩みを抱えていた。私にとってそれはまるで悪夢のような話だった。「生き残るには一体どうしたらいいのでしょうね」と私は彼に尋ねた。「四の五の言わず、言われたことをやるだけだ」と彼は言った。

彼の会社は成長が止まり、彼にできることはもう何もないのであきらめるしかない、という彼の会社の悲しい現実に私は忍び笑いした。もちろん、これは笑うような話ではない。成功した会社は、今の栄光に満足し、守りに入り、イノベーションを起こさなくなる傾向がある。そういった官僚的文化では、社員が生き残るにはみんなと同じことをするしかない。こうして衰退は始まる。

アーサー・D・リトルでコンサルタントの仕事をしていたときに、自己満足して落ちぶれていく会社をたくさん見てきた私は、コークがそういう会社になり下がるのを見たくはないと思った。コークに入社して早々から、社会に長期的な繁栄をもたらす状況をコークのなかに作り出すことで、コークの成長がストップするのを防ごうと思った。社会と企業には類似性がある。このことに気づいた私は、機会費用、主観的価値、比較優位といった基本的な経済概念を導入していった。

こうした概念は大学の経済学部やビジネススクールで教わるが、これらの概念が学校やビジネスに応用されることはなかった。コーク内も含め、どこを向いても、人々は基本的な経済概念を無視して意思決定を行っていた。

例えば、ある日、私たちの原油供給チームが原油の在庫をいつ売るべきかを話し合っていた。彼らは、すぐに売るよりも価格がコストを上回るまで待って売ったほうがよいという結論に達した。

私は彼らに、サンクコスト――その在庫にすでに支払った費用――で決定を下してはならないと言った。意思決定というものは、将来を考えた分析によって行うべきである。在庫を売るのを待つのを正当化するには、価格が将来必ず上昇するという証拠がなければならないのである。

サンクコスト（「帳簿」上のコスト）とは、過去に投下した資金や労力で回収できないコストのことである。そういったコストは、将来的に何をやるべきかを決めるときに含んではならないコストだ。なぜなら、それは税効果が見込まれる以外、回収できないからである。

「ある行動を選択したために、選ばれなかったほかの行動から得られたであろう利益のうち最大のものを機会費用という」。私が社員たちに意思決定をするときに使うように奨励しているのがこの概念である。私自身もこの概念を使うようにしている。

例えば、本書を書いているとき、文法上の問題によって筆が止まることがよくあるが、そんなとき「ストランク・アンド・ホワイト」（ライティングの古典的テキスト）を参考にする。クラウンのプロ編集者チームがこれらのページを消してしまえば、私が「ストランク・アンド・ホワイト」に費やした時間は、正当化するのが難しいほど高い機会費用になる。文法を調べるのに使った数分の間、本の執筆（およびコークへの貢献）を中断しなければならなかったからである。

どこの社員も、理論は理解しながらも、この過ちを犯してしまう。理由の一つは、インセンティブの構造が間違っているからである。もし社員が長期的な利益が失われた事実を考慮せずに、短期の会計利益が出たときだけ報酬を与えられるとすれば、彼らは最適ではない意思決定をしてしまうだろう。これを阻止するために、コークは社員の奨励給を決定するとき、失われた機会から得られたであろう利益は実際の損失とみなすことにしている。

またコークでは、販売員に「各顧客の主観的な価値を理解し、それに応じてやり方を変える」ように言っている。上場企業の多くは、不安定な大きな利益よりも、安定した予測可能な利益を重視する。なぜなら、安定した利益は株価の上昇につながるからだ。顧客である上場企業と私たちの間ではこのように主観的価値が異なるため、契約でコークが価格リスクを吸収することでお客は利益を得るし、お客は私たちの価格リスクを補償することになる。

したがって、エチレンの顧客の一人が安定した利益を得るために固定マージンを要求してきたとすると、私たちの彼らに対する売値と、彼らがエチレンを使って作っているプラスティックの価格との価格差を吸収することに私たちは同意する。そのためには、私たちはリスクに対して十分に補償されていることを信じることができなければならない。コークは常にこうしたウィン・ウィン・ビジネスを積極的に行っている。

また、比較優位という概念を適用することで、役割分担の方法が大きく変わった。この概念は、個人――ついでに言えば、各企業や各国――は、たとえすべての面でほかの人に劣っていても仕事に貢献することができることを言ったものである。どの国も、組織も、個人も、たとえどんなに優れていても、すべてのことを一人でやる必要はない。なぜなら、どの国も、組織も、個人も、比較優位を持っているからである。

才能あるコンサルタントが開業したとしよう。彼は顧客にとって素晴らしいアドバイザーであるだけでなく、請求書の作成、ＩＴ、データベースの構築、自分の出張の手配など、オフィス管理も精力的にこなしている。お金を払って人を雇うよりも、彼は自分一人でもオフィスを十分切り盛りできる。それに加えて、彼は掃除の達人でもある。彼はお金を払って人を雇うよりも、オフィスビルを上手に掃除することができる。

オフィス管理やビル掃除を人を雇わずに自分一人でやることは、コストの低減につながるのだろうか。倹約家は直感的に「イエス」と答えるかもしれないが、数字は別のことを語っている。例えば、オフィスマネジャーに週四〇時間の労働に対して一〇〇〇ドル支払い、ビル掃除人に週一〇時間の労働に対して時給二〇ドルを支払わなければならないとしよう。これを彼一人でやれば、週に一二〇〇ドル節約できる。

しかし、彼がどのオフィスマネジャーやビル掃除人の二倍効率的に働けるといっても、彼はコンサルタント以外の作業に週二五時間費やさなければならない（オフィスマネジメントに二〇時間、ビル掃除に五時間）。コンサルタント料が一時間五〇〇ドルだとすると、一万二五〇〇ドル（二五×五〇〇ドル）の機会費用が発生することになる（つまり、彼がオフィス管理や掃除に時間を費やさなければ稼げたであろう利益）。これは週一二〇〇ドルの節約とは雲泥の差であり、週に一万一三〇〇ドルの純損失が出る。彼の比較優位はコンサルタント業務であって、ビルの掃除や管理ではないのである。

分業によって繁栄を促進するというこの概念を理解すると、私たちは社員の役割を、何が彼らの能力に最も合うかだけではなく、「ほかの社員の役割や能力と関連づけて」、割り当てるようになった。個人はそれぞれに異なるということを考えると、この概念を適用するには、役割と責任を絶えず再評価することが必要になる。

例えば、戦略に長けていたスーが辞めたので、顧客対応スキルのあるペグを雇った。でも、ペグは戦略は苦手だ。もしペグの役割を彼女の能力に合うように調整しなければ、彼女の成績は下がる一方だろう。

私たちはペグに彼女の得意なこと――顧客対応――に集中させるべきである。ペグには顧客対応のもっと大きな責任を任せ、戦略関係は戦略のことに詳しい別の人物が社内にいれば、その人に割り当てる。

ほかの会社では社員が配置換えになると、後継者は前任者とまったく同じ役割と責任を受け継ぐことが期待される。二人の強みや弱みが異なるにもかかわらずにである。そんな状況では、比較優位は最適化されず、機会費用は過剰になり、グループ全体の成績も下がる。

一九七〇年代、コークはまだ小さな会社だったので、こうした市場概念はリーダーたちによって組織内に非公式に浸透させることができた。私はよく会議で、社員たちに次のような質問をして彼らを指導したものだ――「機会費用は考えたか」「比較優位とは何だ」。こうして彼らの生産性と成績は向上し始めた。

私たちにとって重要な概念は「競争」優位（競合他社よりも高い価値を創造する能力）で、これは比較優位とは異なる。これは、投資が作る機会を分析するのに用いる「意思決定フレームワーク」（第９章を参照）の根幹をなす要素である。

コークが成長していくにつれ、私たちの知識や人材プールは大きくなり、分散化していった。つまり、私がこれらの概念を指導できるのは一握りの社員だけということになる。コークの拡大に伴いこれらの概念から利益を得る機会は向上していったにもかかわらず、これらを適用して結果を達成する私たちの能力は低下していった。私たちはより大きなスケールでこれらの理論を教え、私たちの概念やメンタルモデルを実践する方法を模索する必要に迫られた。

したがって、私はコークで市場ベースの経営（ＭＢＭ）を正式に立ち上げる前から、これまで話してきた価値観、経済的思考、哲学、心理的概念、メンタルモデル、結果として得られるツールを、既存のマネジメントシステムに採り入れる方法を模索していたのである。

これらを融合させる方法として、私がＷ・エドワーズ・デミングのシステムを採り入れたのは一九八〇年代初期のことだった。デミングは質を高めるのに統計学的手法を使い、継続的な改善を重視していたため、デミングのシステムは私にとって非常に魅力的だった（そして、前にも話したように、私は社員が他人と同じことをやるという考えは大嫌いだった）。

デミングはエール大で学んだ統計学者で、第二次世界大戦終結後の一九四七年にダグラス・マッカーサー将軍の下で日本の産業や製造業を復活させたことで世界的に有名になった。一九六〇年、日本の産業の復活と世界的成功によって昭和天皇はデミングに勲二等瑞宝章を授けた。デミングは企業は改善とイノベーションを続けていく必要があることを強調した。でなければ、企業は死滅する。「あなたはこの病院から出ることはけっしてできない」とデミングは警告した（『The Deming Videotapes：Quality, Productivity and Competitive Position』。MIT Center for Advanced Engineering StudyのMITビデオシリーズ。一九八三年）。デミングのアプローチによって私たちは継続的な改善をシステム化することに成功した。これは市場ベースの経営を開発する初期において重要な要素となった。

デミングの指導の下、私たちはパレート図、根本原因解析、統計学的プロセスコントロールを使って、問題を見極めて解決し、私たちの進歩を明確な方法で測定した。これらは部分的には役立った。しかし、この時期に私が学んだ重要なもう一つの教訓は、デミングから得たものではない。それはオクラホマ州メッドフォードにある私たちのガス液工場を訪れたときに得たものだった。

ガス液工場を訪問中、私は工場の電気部門に立ち寄った。私が訪問したので、電気技師たちは電気工事はそっちのけで、忙しそうに管理図を描いていた（会社のだれもが私が管理図の有用性を信じていることを知っていたからだ）。彼らがこれを「チャールズのための図」と呼んでいたことを知った私は愕然とした（ＣＥＯ［最高経営責任者］の仕事にはある程度の冷笑は付き物だ。油田の社員たちの間では、コークのＫＯＣＨは「Keep Ol' Charlie Happy」［年老いたチャーリーをハッピーにせよ］を意味するというジョークがささやかれていた）。

メッドフォードでは、パフォーマンスの向上やムダを省くことよりも測定と図を描くことが重視されるようになっていた。私たちは、図を描くことや測定は最終目的ではなく、彼らが目標とすべきことは結果の改善であることを、彼らに周知徹底させていなかったのである。

しかし最終的には、チャーリーのための図は私たちをより良い方向へと向かわせることになった。私たちの理念やメンタルモデルを既存のマネジメントシステムに移植するのはそれほど簡単なことではなかった。たとえデミングのアプローチのような素晴らしいものであってもである。そこで必要になったのが、私たち独自のフレームワークを開発することだった。私たちの概念を問題解決の効果的なツールにするためのフレームワークである。

コークは今でこそ巨大企業で、いくつもの産業にまたがる多くのビジネスを手がけている。一〇〇〇万ドルの価値を生みだす、より劇的な改善を果たすことができるというときに、わずか一〇万ドル程度の価値を生みだすものに貴重な人材を使ってリソースをムダにすることはできない。

私たちがデミングの継続的改善に見切りをつけて、シュンペーターの創造的破壊を採り入れたのはこのためだ。創造的破壊のほうがより根本的でより本質を突くものだった。継続的改善は、役には立つが、廃れゆくものに少しずつ改善を加えることを意味するものでしかない。

これに対して、創造的破壊は、古い方法は捨てて、もっと良い新しい方法を見つけることを意味する。こちらのほうがコークに合っている。コークだけでなく、価値と成長を最大化しようとするどんな企業にも合っている。

デミングとの付き合いは結婚には至らなかったが、それは私たちが予期しないところで大いに役立った。理論と実践に基づいて私たち独自のフレームワークをシステマティックに作成することができたのはデミングのおかげである。四つの壁と天井のように互いに補強しあう五つの要素を持つ首尾一貫したフレームワークは、絶対に交差しない五つの面よりもはるかに大きな利益を生んだ。

一九九〇年、私たちのシステムを五つの要素に体系化し始めたとき、思いついた名前が「市場ベースの経営（ＭＢＭ）」だった。それは市場原理の影響と、首尾一貫した経営哲学と実践を提供する必要性を反映するものだと感じた。最初にやらなければならない難問は、市場経済のパワーを社内で生かすことのできるメカニズムを発見、あるいは開発することだった。

そのために、私たちはＭＢＭ開発グループを発足させた。このグループは売る製品もサービスも持っていない。このグループの主な目的は、市場原理から組織のためのツールを開発することだった。そして、財産権、正しい行いのルール、価値観、文化、ビジョン、測定、インセンティブ、損益、価格の力をどうすればとらえることができるかを勉強するチームも形成した。

大学の教授を招いて、理論の講義もしてもらった。正直言って、理論の講義はあまり役には立たなかった。

最初のころ、だれがＭＢＭを理解しているかについてのメンタルモデル、もっと言えば、真の理解とは何かについてのメンタルモデルは間違っていた。概念を理解することと、結果を得るためにその概念をどのように応用すればよいかについての知識とを混同していたのである。つまり、私たちが形成したチームは、概念を明確に表現することはできても、実践することはできなかったのである。

ポランニーは、それを応用して結果を得ることができて初めて、私たちはそれを本当に理解している、つまり経験によって理解していると言えるのである、と言った。前にも述べたように、ゴルフスイングの理論を知っていてもスコアが低い人がいる。つまり、理論とスコアとはまったく別物なのである。

これは私が石油探査をする人々のなかで観察したものと一致する。地下の構造やどこに石油が貯蔵されているかについての専門的な知識は持っているが、石油は見つけられない人がいる一方で、理由や方法はうまく説明できないが、石油を見つけるのがうまい人がいる。

概念を理解することと、経験による知識の違いを明確に述べたポランニーのおかげで、私たちは物事を大局的に見ることができるようになり、ＭＢＭの開発と応用は進んだ。理論的な基礎も重要だが、結果を得るにはそれだけでは不十分だ。私たちが新しいメンタルモデルを使って、経験による知識を得るまでには、正しい実践を長期にわたって繰り返す必要があった。妙な癖がつけば一生直らない。だから、実践は正しくやらなければならない。

これに加え、その時点において私たちが最も必要としていたのは、概念を理解することではなく、良い利益を生むにはそれをどのように応用すればよいかについての経験による知識だった。ケンブリッジ大学のメアリー・ビアード教授は次のように言っている。「学習することなく行動することは致命的だが、行動せずに学習ばかりしていては空しくなるばかりだ」(http://www.forbes.com/quotes/author/mary-beard を参照)

MBM開発グループの時代は、概念は社員がすでにやったこと、あるいはさらに悪いことに、彼らがやりたいことを正当化するのに使う言葉にすぎなかった。例えば、工場で生産装置を稼働している人はMBMが「現場の知識」を重視しているととらえ、現場の知識をウィチタの本社からの助言を無視する言い訳として使う。これは現場の知識の間違った使い方だ。

生産装置のオペレーターはその装置を任意の日に最適化する方法は知っているかもしれないが、ほかの産業での改良を含め、世界中で改良が進んでいることに気づいているだろうか。彼はほかのだれよりもその装置をより効率的に運転する方法は知っているかもしれないが、それを運転する最高の方法について、そして環境や安全ルールについての最新情報を知っているだろうか。概念の誤った使い方を克服することは、MBMから結果を得るためのカギだった。

経験による知識の欠如によって発生した別の問題は、MBMを、問題解決の厳格な公式として応用する傾向があることだった。ＭＢＭの詳細を厳格に定義し、ＭＢＭをいかに応用するべきかを規定すれば、その有用性と順応性は弱まる。この傾向（官僚主義の特徴）を認識し、それを阻止する方法を学ぶことは、前進するための重要なステップとなった。「愚かな一貫性は、とんでもない政治家や哲学者や神々に崇められる、小さな心をもったホブゴブリン（ヨーロッパの伝承などに登場するいたずら好きな妖精）のようなものだ」とエマソンは書いている（ラルフ・ウォルドー・エマソン著『エッセイズ［Essays：First and Second Series］』の「Self-Reliance」より）。

今ではそういった傾向を見つけたら、うまく対処できるようにはなったが、私たちは今でも完璧からは程遠く、これからも完璧ということはないだろう。私たちは社員に一般的な原理とテーマだけを与え、細部については社員自らに考えさせるようにしている。それでも、「インスタントプリンのようなものはない」とデミングは言う（Ｗ・Ｅ・デミング著『The Essential Deming：Leadership Principles from the Father of Quality』より）。

ＭＢＭのパワーをフルにとらえるためには、組織は非生産的な傾向を避けるだけでなく、利益になるメンタルモデルを習得して応用する能力を高めていかなければならない。そのためには、変化のなかで最も難しく痛みを伴う変化――自分の思考方法の変化――を進んで採り入れることが重要だ。

そういった変化を達成するには、有効なメンタルモデルに基づいて新しい思考方法を開発する努力を、集中的にかつ長期にわたって行わなければならない。こうした新たな習慣を身に付けるには、ボディービルダーがマラソンを走れるように再トレーニングするのに似た、持続的な変革が必要だ。これには時間がかかる。でも、私はこれに五〇年以上も取り組んできた。

根深い習慣は、脳内の神経回路をほかの回路となかなか置き換えられないことで生まれるものだ。文化を変えるのが難しいのはそのためだ。会社の成長が止まり、社員が群集心理に引きずられるのも理由は同じである。慣れ親しんだメンタルモデルややり方に固執するのはごく自然な傾向だ。しかし、結果を出すためには、脳の書き換えが必須だ。こうした変化は、イノベーション、ひいては良い利益につながる発見をするのに不可欠なのである。

そのプロセスはどのようにして起こるのだろうか。特定の分野を学習すると、ルール、事実、用語、関係などについての特殊な知識が増える。そしてある時点まで行くと、特殊な知識が十分に身に付き、全体を俯瞰できるようになる。

そして、パターン、つまり物事の意味を理解し始め、何かが間違っているとき、理由ははっきりとは分からなくても、それを感じることができるようになる。こうなると、新しい技術や市場をリサーチしたり、就職志望者と面接したり、買収を検討しているとき――つまり、顧客と会社に対して価値を生みだすという目標を持って何かをやっているとき――、私たちの問題と機会を見抜く能力は向上していく。

現状と将来の夢とのギャップに漠然とではあるが気づいたとき、発見プロセスは始まる。より良い何かは私たちの想像の枠を超えたところにあることを、私たちの直観は教えてくれる。発見の文化を構築するには、直観（その源泉が何であれ）を情熱的に追求することをくじくのではなくて、奨励しなければならない。

そして、私たちは私たちの仮説を、必要なときには助けを求めながら、明確に説明する努力をする必要がある。仮説は具体化すれば、当然ながら疑問が生じるだろう。そしてそれを検証し、有効と思えるところまで改善する。このハードルをパスした仮説は、実行するに値するかどうかテストされる。

この全プロセスは、経験による知識を得ることから始まる。そして、その知識を機会をとらえたり、問題を解決するのに応用する。

ＭＢＭ開発グループはいろいろなものを改良した。コークがどこでどのように価値を生みだし、リソースやほかの手段の使い方においてどうすれば競合他社に勝てるか、そしてコークが向上しているかどうかを測るスコアカードの使い方を大幅に拡張したのは彼らの功績の一つである。

これらを通じて、私たちは、経済の現実に基づいて措置を講ずることの重要性が理解できるようになった。それは、行動を正しく導くには、簡単に測定できるものを測定するのではなくて、結果に結びつくものを測定する必要があることを私たちに思い出させてくれたのである。社員の成績を、長期的利益と文化に対する影響よりも、経常利益に対する貢献だけで評価すれば、軽率にも間違ったことに対する作業を激励することになる。

開発グループは今はもう存在しないが、このグループを組織したことは、MBMを体系化し、リーダーだけでなくコークのすべての社員を教育する初期段階において極めて重要だったと思っている。その後継となったのがMBMケイパビリティーで、これは開発グループとは異なるビジョンを持つ。MBMケイパビリティーは、常に新しいMBMツールを開発し、MBMの応用について教えたり、相談を受けたりするのがその仕事である。メンバーは四〇人を超え、彼らの多くはビジネス経験を持ち、結果を出してきた実績を持つ。

一九九五年ごろ、私たちはMBMツールキットと呼ばれる画期的なツールを開発した。これは、MBMの五つの要素をフルパワーが得られるようにトータル的に応用する方法を述べたものだ。私たちはこのアプローチを「問題解決プロセス」と呼んでいる。これは社員が機会をとらえてイノベーションを起こす能力を高めるのに役立つものだ。これについては詳しくは第11章で述べる。

この成功はさらなる成功を生んだ。なぜなら、この成功によってすべての社員にMBMフレームワークのパワーが示されたからである。社員は、ポランニーが「自己修正行動による変容」（マイケル・ポランニー著『個人的知識——脱批判哲学をめざして』〔地方・小出版流通センター〕より）と呼んだ行動を進んで行うようになった。これは人々が新しい考え方を実践するのに必要だった。これは私たちのケースでは、顧客とのやりとりであろうが、工場の現場であろうが、オフィスであろうが、結果を得るためにＭＢＭの五つの要素を応用することを意味する。

ＭＢＭから結果を得る速度はこの一〇年で加速した。その原動力となったのは、ＭＢＭケイパビリティーのメンバーだけでなく、すべてのリーダーは、ＭＢＭや文化を自分のものとしてとらえなければならないという認識だった。ＭＢＭケイパビリティーの役割は、彼らにＭＢＭを教え、サポートすることである。

つまり、すべてのリーダーは、まずは本人がＭＢＭを理解しそれを応用し、そのあと部下に、そして組織内全域にわたって理解させて応用させることが求められるということである。どういったレベルのリーダーでも、これらのステップを踏まなければ、成績は下がり、進歩は遅れる。ＭＢＭを理解し応用するのに「自己修正行動による変容」を採り入れるリーダーは、彼らのビジネスにおいて著しい進歩を示す。

このあとの章では、人々がＭＢＭを経験を通して深く理解したとき、組織に何が起こるか、そして人々がＭＢＭを十分に活用しなければ、あるいは実践しなければ何が起こるかについて見ていく。

第5章 逆境から学ぶ――市場ベースの経営の応用におけるコークの最大の過ち

「逆境のときこそ美徳を発見する最高の機会である」

――フランシス・ベーコン（フランシス・ベーコン著『ベーコン随想集』の「逆境について」より）

「経験主義の父」と呼ばれた哲学者のフランシス・ベーコンのこの言葉を読んだとき、私は父が私たち息子たちに残した手紙を思い出した――「逆境とは神が隠れ蓑を着て恵みを与えてくれることであり、逆境によって素晴らしい性格が形成されるのである」。

私の心のなかでは、この言葉は父が残してくれた会社と同じくらい貴重なものだった。コークの経営とコンプライアンスの失敗がヘッドラインを飾った一九九〇年代を乗り切るのに何が必要かを思い起こしているとき、これは特に重要だった。私たちの会社は成功はしたものの、いくつかの不快な出来事に見舞われた。そのいくつかは、私たちの不手際が原因だった。

こうした災難は、災難によって傷つく人々にとっては逆境になるが、結果として将来の逆境から救われる人々にとっては、「隠れ蓑を着た恵み」となる。逆境は私にとっては辛いものだ。被ったダメージを元に戻すことはできないが、こうした経営上の失敗を糧にして、改善に取り組み、他人が同じ過ちを犯さないように手助けすることはできる。

コーク・インダストリーズが現状に満足すれば、創造的破壊によって私たちは廃業へと追い込まれるだけでなく、他人に対しても重大な損害を与えるということを、こうした経験を通してしみじみと思い知った。ではどうすればよいか。社内に緊張感を維持し、自己過信に陥らないように努力することである。コークの人々は勝利を宣言することはなく、大切なことから目をそむけることもない。本章では、前に述べた破滅的な失敗から学んだ教訓と、これらの教訓を基に、いかにして市場ベースの経営（ＭＢＭ）の応用方法を洗練・改善してきたかについて見ていくことにする。

一九九六年八月、恐ろしいことが起こった。ガス液のパイプラインの一つからガスが漏れ、テキサス州ライブリーで大爆発が発生したのである。私は何年にもわたる業界における事故の報告書を読み漁った。死者が出た例もあった。しかし、ライブリーでの事故は、私の知るかぎり、居合わせた人の死を招いた爆発事故として、コークが一九四〇年に創業して以来、唯一無二の悲惨な事故だった。

ティーンエージャーのダニエル・スモーリーとジェイソン・ストーンは、パイプライン近くで変な臭いがしたため、当局に連絡するために車に乗り込んだ。エンジンをかけると、車の点火装置からの火花がパイプラインから漏れ出したガスに引火して爆発し、その炎によって彼らは死亡した。コークはすぐに罪を認めた。信じられない事故だった。二人の罪のないティーンエージャーが死亡し、彼らの家族とコミュニティーに大きな痛みを与えた。

それは私の仕事における暗黒の日々の一日だった。私は父であり祖父である。もし私の子供や孫たちにこんなことが起こったら、私は打ちのめされるだろう。また私は、安全とコンプライアンスを最重視するエンジニアでもある。私は常にコークの社員たちに「安全第一」と口をすっぱくして言っている。なぜなら、私は人間の命が最も尊いものだと思っているからである。

私も苦しみや死を経験したことがないわけではない。生涯にわたって親しかった弟のデビッドは、一九九一年ロサンゼルスの空港で、彼の乗ったＵＳエアの飛行機が別の飛行機の上に着陸したとき、あわや死にかけた。それは航空管制官のミスで起きた事故だった。燃えさかる機内からかろうじて脱出したデビッドは、次の二日間、集中治療室で治療を受けた。同乗していた二三人は、炎と毒ガスに包まれて命を落とした。

一九五九年には横転した車から友人を助け出した。彼は大量に出血していた。数分前まで彼は彼女と一緒に私のボストンの家に滞在していたばかりだというのに。彼女は助かったが、三〇分後、私の友人は死亡した。

多くの退役軍人を雇っている私は、彼らから重傷を負った人や死んだ人の話をよく聞く。ある人は事故で、ある人は戦闘中に死亡した。彼らが目撃したり耐えた痛みを聞くと、ゾッとするばかりだ。

私がこうした話をしたのには理由がある。アメリカでは毎年産業現場で何千という人々が命を落とし、その数をはるかに上回る人々が重傷を負う。コークでは、重傷や死亡が大手メーカーの社員にとって避けられない現実であるという考え方は受け入れることはできない。テキサスの事故以来、安全に関しては業界の基準を上回る基準を採り入れるために、そしてその基準を守ろうとするリーダーや社員のみを採用するために、ＭＢＭの応用方法を改善してきた。ライブラリーでの悲劇は私たちにいくつかの重要な教訓を与え、私たちは安全に対するアプローチを改善してきた。そのパイプラインは建設から一五年たっており、腐食を懸念して一九九二年にいったんは閉鎖された。しかし、一九九五年、腐食した部分を交換して再開した。もちろん水圧試験を行い、安全に運用できることが証明されてのことだった。

爆発を招いたパイプラインの腐食は土中のバクテリアによって引き起こされたものだった。バクテリアの動きは、専門家が検出することができる以上に速かったのである（このように動きの速い腐食を招くバクテリアの例はカナダにあったため、法廷では原告の鑑定人はカナダの例を参考にした）。テキサスでは腐食は普通はこれほど速くはないため、私たちは油断していたのだ。そして、大惨事が起こった。

ＭＢＭ用語では、これを知識不足と言う。知識不足を認識したうえで、私たちはＭＢＭの理念を基に問題の原因を特定し、国家運輸安全委員会に協力をお願いして、パイプライン業界全体とこの知識を共有した。そのあと、コークはこの事故から学んだ知識を基に、操作手順を改良し、こういった悲劇が二度と再び起こらないように努力した。これらの改善事項は社員のハンドブックに追加したり、会社のウェブサイトに載せただけでなく、ＭＢＭに取り込んで、社内全体に周知徹底させた。さらに、研究開発費を使って、モレックスと提携して腐食センサーを開発したり、第3章で述べたインビスタから新しいナイロン製のパイプの供給を受けたりと、新しい耐食対策を講じた。

不幸なことに、ちょうど同じころ、テキサス州のコーパスクリスティで再び危機に見舞われた（幸いにも、命にかかわるようなものではなかった）。この危機は、ＭＢＭの要素のうち、美徳と才能、そして意思決定権を十分に適用しなかったことが原因だった。

一九九五年の春、コーク・ペトロリアム・グループ（ＫＰＧ。現フリント・ヒルズ・リソーシズ）のある社員がコーパスクリスティの石油精製所の排水流について、改訂された大気浄化法に基づいて報告書を提出したが、それが虚偽の報告書だったのである。その社員（必要な測定をせずに、報告書にウソの数字を記入した環境エンジニア）はコーパスクリスティは新たな規制に準拠していると報告書に書いたが、あとで調べたところ、それはウソであることが判明した。

当然ながら彼は解雇された。そして、一九九五年一一月二七日、私たちの求めに応じて開かれた会議でコーク・ペトロリアム・グループはテキサス州の環境保護庁に間違った報告書を提出したことを認めた。会議では、私たちは、調査結果を提出し、違反について新たな情報が得られ次第、それを報告することを約束した。私たちが行うあらゆることの中核となるのがMBMの一〇の基本理念（第7章を参照）であり、そのうちの最初の二つが、「正直さ」と「コンプライアンス」である。コークの社員が提出した報告書はこれら二つの原理に対する明らかな違反で、容認することはできず、再発は許されない。

そのあとの会議で、コーク・ペトロリアム・グループは約束したとおり違反についての詳細な報告書を提出し、ほかの会社に科せられたのと同等の罰金を支払うことを提案し、一九九六年四月が期限の新しい報告書の適切な報告方法について話し合った。

これは民事上の案件であり、州レベルで解決すべきだと思えた問題だったが、連邦犯罪に発展した。これによってコークはアメリカの刑事司法制度の数々の欠陥を知ることになる。この経験は、重罪判決を受けたことがある人が就職を希望してきたときの私たちの判断に影響を及ぼした。私たちは彼らを最初からふるい落とすことはしなかった。

国に対して正直に報告してから四年以上たって、コークとコーク・ペトロリアム・グループと四人の社員は、連邦の環境法に違反し、虚偽の報告書を提出したかどで、ワシントンDCのアメリカ合衆国司法省に起訴された。

これが民事訴訟ではなく刑事訴訟になったのは、コークがテキサス局に提出した違反の内容が一部隠蔽されたと間違って信じられたためである。私たちは大陪審はこれが事実ではないことをきっと理解してくれると信じていた。結局、私たちは一九九五年に州規制当局に違反の内容をすべて公開した。

コーク・ペトロリアム・グループはすべてを積極的にさらけだしたことを知っていたので、私たちが規制当局を欺こうとしていたという主張は最初からうさんくさかった。このことは、起訴され訴訟になったずっとあとで分かったことだが、私たちに対する疑いは驚くべき進展によって確実になった。司法省の弁護士が、コークが事実隠しの罪に問われるように変更されたテキサス州の記録文書を大陪審に提出したのである。

一九九五年一一月に行われたコーク・ペトロリアム・グループと州規制当局との議論をまとめた最初の記録文書では、コーク・ペトロリアム・グループが規則に従っていないことを自己開示したとあった。「彼らはこれからさらに調査し、二月初旬に、どの程度、そしてどれくらいの期間、規制に従っていなかったかについての追跡調査結果を提出する」

しかし、大陪審に提出された記録文書は、「彼らがどの程度、そしてどれくらいの期間、規制に従っていなかったか」という部分が不可解に削除されたのを除き、ほとんど一字一句書き直されたものだった。つまり、大陪審はコークと四人の罪のない社員を、意図的な不正に基づいて起訴したわけである。

刑事司法制度が会社とその社員一人ひとりにどんな影響を及ぼすかを直に経験したことで、私は刑事司法制度と刑事上の有罪判決に対してますます懐疑的になった。しかしこれによって、法の順守に対してはけっして自己満足しないという私たちの決意はさらに強まった。

司法省によって起訴された九七の案件は最終的には七つに減った。外部の専門家は、コーク・ペトロリアム・グループに罪を認め、罰金を支払い、この裁判に踏ん切りをつけるようにアドバイスした。またこれらの専門家は、起訴された社員には政府に対して自力で弁護させ、弁護士・依頼者間の情報を政府に引き渡すようにも勧めた。これは起訴された社員に対する不利な証拠として使うことができるからだ。

しかし、私たちはそうはしなかった。なぜなら、起訴された四人の社員は間違ったことは何一つやっていないと私たちは確信していたからである。社員をそのように扱うことは、私たちの基本理念に違反することになる。これは裁判へと発展したが、これらの社員に罪の軽減と引き換えにコークの上位役員を裁判に関与させるという政府の画策は失敗に終わった。検察当局は、でたらめの報告書を提出して解雇された社員を、証人に仕立てるということまでやった。

検察当局は環境エンジニアであったコーク・ペトロリアム・グループの元社員の証言を引き出そうとも画策した。彼女はコーク・ペトロリアム・グループを辞める前、成績が良くないので、改善の余地がなければ解雇するという通告を受けていた。彼女は州に私たちがそのあと提出した環境報告書もウソだったと「内部告発」したのである。彼女は、内部告発する数カ月前、解雇されるのではないかと不安で、コーク・ペトロリアム・グループを訴えるために複数の弁護士に相談していたと証言した（彼女は私たちを訴えたが、結局は和解した）。

彼女はまた同僚に、会社に彼女を強制的に解雇させる案があると話していた。その案が失敗すると、彼女は辞職したが、失業給付金を受け取るために州にその事実を曲げて報告した。

これからも学ぶべき教訓があった。まず第一に、コーク・ペトロリアム・グループはこの社員を改善する努力を怠り、成績が上がらなかったにもかかわらず解雇しなかった。これは、MBMの「美徳と才能」の要素に従わなかったことを意味する。解雇するという苦渋の決断を行うことなく、彼女の上司は彼女を石油精製所に異動させ、彼女の成績が上がるように協力したのである。

さらに、コーパスクリスティの石油精製所が新しい規制に準拠しないという問題の扱い方は、MBMの「意思決定権」の要素に違反していた。日々の問題に対して責任のある社員が、法に準拠していない点を調査し、政府の規制当局に報告した。これもまた間違いの元だった。今、コークでは、法の準拠については別の社員――その問題に無関係の社員あるいは石油精製所の日々の稼働に無関係の社員――に調査させるようにしている。

政府に虚偽の報告書を提出するのは重大な犯罪である。したがって、社員に知識を持たせること、さらには外部専門家に調査させ、規制当局に報告させることは非常に重要なことである。

コークが政府の鑑定人に異議を唱える機会を与えられたあと、この裁判は、裁判が始まる数週間前に行われた連邦判事を列席させた聴聞会で破綻した。環境保護庁の調査員が、排水サンプルは例の「内部告発者」によって採取されたもので、それをコーク・ペトロリアム・グループの法律違反の証拠として使ったことを認めたのである。その採取は環境保護庁が求めるサンプリング方法に違反していた。コークは積極的な自己開示の一環としてテキサスの環境庁に情報を提示したが、司法省はこの疑惑に対して何一つサポートしてくれなかった。こうして、コークと起訴された四人の社員に対するすべての告訴は取り下げられた。

二〇〇一年四月、コーク・ペトロリアム・グループは一つの新たな訴因——元社員による虚偽の報告書、これについては一九九五年一一月に開示されていた——に対して罪を認めた。政府は四人の罪のない社員に、彼らに対する起訴を取り下げることを条件に、誣告に対して起訴しないことを約束する同意書に署名させた。彼らの容疑は晴れたが、これは常軌を逸した事件であった。

ＭＢＭを全社にさらに深く行き渡らせるために、私たちはこの不幸な事件からの教訓をどのように使ったのだろうか。まず最初に、私たちのすべての会社が美徳と才能の要素をフルに実践するための追加的ステップを加えた。詳しくは第7章に譲るが、私たちは人を雇用するときは、まず最初にその人の価値観を見て、そのあと才能と経験を見るようになった。今コークでは、社員の正直さに疑問がある場合、あるいは安全とコンプライアンスに対する取り組みが欠けている場合、私たちは彼らをすぐに解雇する。

社員を解雇するのはどのレベルのリーダーにとっても義務である。もしリーダーがこの難しい仕事を果たさない場合、彼は監督責任者としての地位にとどまることはできない。もしコーパスクリスティがこの方法で運営されていたならば、問題は起こらなかったはずだ。この事件のあと、私たちは内部のやり方と外部とのかかわり方を改善する必要があるという現実に直面した。

私たちのビジネスに関連する法律や規制は何万とある。抵触すれば、会社も社員も刑事責任を問われかねない。この現実と一九九〇年中盤に起こった事件を踏まえて、私たちは一〇〇〇%のコンプライアンスモデルを開発した。つまり、社員には一〇〇%の時間帯で一〇〇%のコンプライアンスが求められるということである。こういった事件が二度と再び起こることがないように、百パーセント確実ではない問題が起こったときには、「立ち止まって、考えて、問う」ことを社員に課した。

私たちはまだ勝利を宣言することはできないが、あの事件以来、起訴や訴追はこの一〇年以上にわたって起こされていない。一〇〇〇%のモデルを実現するためには、経営にかかわる全員にパフォーマンスに対して責任を持たせることが必要だ。たとえ彼らが問題が存在することを知らなくてもだ。

この事件によって、私たちは規制当局に対する対応をどうすべきか、彼らに適切な敬意を払い、顧客として扱ったかどうかを自らに問うた。私たちの施設では毎日多くの規制当局者に対応している。私たちは、顧客に対するのと同じように、彼らのニーズをよく理解し、そのニーズに応じる必要があることを認識した。結局、政府の許可が下りなければ、会社はその国で操業を続けることはできない。この現実をメンタルモデルに取り込む必要があることを私たちは認識した。

この事件以来、環境保護庁はコークの環境パフォーマンスと監督・報告責任を何度も高く評価し、コークが環境保護庁と協力しながら生産的・協調的アプローチを使っていることについてもコメントしたことを、私は誇りに思っている。例えば、私たちの石油精製所からの排気量は、一バレル当たりのプロセスレベルで競合他社よりも三一％も低い（http://www.fhr.com/ehs/performance_data.aspx［Criteria Air Emissions］を参照）。二〇一五年の有害化学物質排出目録制度の報告書では、環境保護庁はコークの公害防止に対する取り組みに対して、米国を拠点とする親会社のなかでベストカンパニーにランク付けした（http://www2.epa.gov/toxics-release-inventory-tri-program/2013-tri-national-analysis-waste-management-parent-company を参照）。こうした改善ができたのもＭＢＭのおかげである。

コークは過去の法的問題から学んだ教訓を、既存のビジネスだけでなく、買収を評価するときのデュー・デリジェンス（適正評価手続き）にも適用している。これらの事件によって、ＭＢＭは文化と社員の雇用においてより重視されるようになった。社員を雇用するときはスキルだけでなく価値観も見る。私たちの会社とリーダーが正直さ、勇気、コンプライアンス、人を尊重するという気持ちをより強く持つようにするためである。コークのシニアリーダーが社員を連れて世界中を飛び回り、タウンホールで法を順守する文化の重要性を説いて回るのはこのためだ。

この事件の影響もあって、どこでいつ問題を見つけても、問題解決に当たっては、私たちはすぐにＭＢＭのフレームワークを適用する。安全問題、環境問題、コンプライアンス問題に関しては特にそうである。基準を満たしていないと思ったときは、操業を停止したり、売却することもある。

面と向き合って話をするコミュニケーションよりも強力なコミュニケーションはない。私たちはコーパスクリスティやライブリーの事故を経験した社員に、そのときにはまだ会社にいなかった社員と会って話をするように奨励している。シニアリーダーたちは彼らに、これらの事故にかかわった人々──家族も含めて──が味わった痛みやストレスを説明するのである。

この目的は、これらの事件の事実を当時まだ会社にいなかった社員に伝えるだけでなく、精神的苦痛がどれほど大きかったかも彼らに知ってもらうことである。このプロセスは、彼らの心に思いを届け、なぜ私たちが一〇〇〇％のコンプライアンスを強調するのかを分かってもらうのに不可欠なものだ。どんなに小さな事故のあとでも私たちは同じアプローチを使って、そうした事故の人的ロスの大きさを社員に深く理解させる。

一九九〇年代にヘッドラインを飾った三つ目のケースを語らずして、コークの逆境問題を十分に伝えることはできない。この問題は美徳と才能や意思決定権の欠如が招いたものではなく、株主の論争によるものだった。

一九八九年、コークはオクラホマ連邦裁判所に虚偽請求取締法に抵触するとして訴えられた。これはデビッドの双子の一方である弟のビルによって提訴された。彼は元株主で、一九八〇年代に会社を何度も訴えたが、失敗に終わっていた。これは一九七五年から一九八八年にかけてのコークの米国やインドでの石油の計量に関するものだった。

そのころ、コーク・オイルは、優れた顧客サービスによって米国一の原油収集会社になっていた。油田の状態や当時使われていた手動による不正確な計量法を考えると、私たちのやり方は少なくとも業界のやり方に一致し、多くの点でそれよりも優れていたと私は思っている。事実、コークの計量法は九九・五％正確であることが実証されていた。それは業界標準よりも高かった。コークが油田の状態の厳しい遠方の独立系生産者への供給を集中的に行っていたことを考えると、この正確さは感動的ですらあった。一〇〇％の正確さを達成できない背景には、堆積物、原油中のガス、オイルタンクの底にたまるBS&W（沈殿物と水）、タンク内の温度が一定でないこと、不格好な形のタンクをはじめとするさまざまな要因が関与していた。

コークの原油販売記録は、原油の購入記録を上回っていたため、コークは原油を「盗んでいた」として訴えられたのである。

私たちの顧客で私たちを訴える者はおらず、コークに不利な証言をする者もいなかった。顧客のなかには、もしコークの計量方法に疑問があれば質問する、どんな問題も互いの合意のうえで円満に解決されてきたと、私たちに有利な証言をする者さえいた。

インドのオーセージ族でさえコークを支持する声を上げ、国土管理局も「生産の説明責任において矛盾や不正行為」は認められず、私たちの側に犯罪行為はないと言った（http://newsok.com/blm-finds-no-proof-koch-stole-indian-royalties/article/2311264を参照）。

残念ながら、不満を持った元社員――彼らの大半は盗みや会社の方針に従わなかったことで解雇された――のなかにはコークに不利な証言をする者もいた。彼らはコークは原油を「盗んだ」とあいまいな主張をしたが、訴訟の前にそういった主張をしたことはなかった。事実、原油は「盗まれて」おらず、窃盗を働いたという事実もなかった。

しかし、オクラホマ北部地域の地方裁判所は、大陪審に、コークの顧客は政府を拘束することはできず、顧客がその当時私たちの計量法を認めていたかどうかは無関係であると説示した。裁判所によれば、連邦政府によって統制されている原油リースに関する特別な法則があるため、重要なのは、請求書にある原油量と実際にお金が支払われた量とが異なるかどうかだった。一週間以上慎重に議論した結果、大陪審はコークに不利な評決を下した。この裁判が解決したのは二〇〇一年のことだった。

今になってＭＢＭをこのケースに適用してみると、これはコーク・インダストリーズの株主

間における ビジョンの対立から始まったものだと思っている。対立に端を発した不協和音は不信に発展し、ついには裁判事件、そして一九八三年のバイアウト、そして何年にもわたるさらなる裁判へと発展していった。

効果的なビジョンの欠如、このケースの場合はビジョンの対立は、ビジネスの失敗を招く要因になる。だから私たちは今ではどの一人の社員を選ぶときでも、より良い世界――人々を幸せにすることでビジネスが成功する世界――を作るためのビジョンを共有できる人材を選ぶようにしている。

次の第6章ではMBMの五つの要素のうちの最初の要素である「ビジョン」について説明する。この要素は、残りの四つの要素を理解する前にまず理解しなければならない極めて重要な要素である。

第2部

第6章　ビジョン――未知なる未来への案内人

「あなたにできること、あるいはできると夢見ていることがあれば、今すぐ始めなさい。向こう見ずは天才であり、力であり、魔法です」

――ゲーテ（この言葉を初めてゲーテの言葉だと言ったのは、ウィリアム・ハッチンソン・マレー著『ザ・スコティッシュ・ヒマラヤン・エクスペディション［The Scottish Himalayan Expedition］』）

私が初めてメディアで「コーク兄弟」という言葉を目にしたのは、七〇歳の誕生日をとうに過ぎたときのことだった。私たちは四人兄弟だが、この言葉はほとんどの人にとってデビッドと私だけを意味する。フレデリックとビルが一九八三年に持ち株を売ったあとも私たち二人は会社にとどまった。

デビッドはマンハッタンに妻と三人の子供たちと住んでいる。彼は有名な芸術の後援者であり、ニューヨークと全米における大病院やガン研究センターへの寄付者でもある。バーバラ・ウォルターズがテレビの特別番組『ザ・一〇・モースト・ファッシネイティング・ピープル・オブ・二〇一四』にデビッドを招いたのもうなずける。

私と彼のライフスタイルの違いを際立たせるのはデビッドの選択である。彼の選択は面白く、私の選択は面白くない。私はオフィスにいないときは、人間行動学を勉強したり、地下のジムで汗を流したり、ゴルフスイングの二四の要素を分析したり、キッチンでリズの「心臓に良い」食事を楽しんだり、フェースタイムでよちよち歩きの孫が言っていることを理解しようとしたりしている（お兄ちゃんのほうのチャーリーは私のことをポピーと呼ぶ。メディアが私を呼ぶ呼び方よりもはるかにやさしい呼び方だ。リズは私がおじいちゃんになる前から私のことをポピーと呼んでいたので、それをまねたのだ）。

デビッドはバレーが好きで、私はフットボールが好きという具合に、基本的にも外面的にも私たちは異なるが、デビッドと私はビジネスパートナーとして半世紀にわたって一緒にやってきた。私たちがこれほど長く一緒にやってこれたのは、コークに対するビジョンが常に同じだったからである――私たちのコアとなる能力を適用して長期的な価値を最大化するために、イノベーションを起こし、成長し、再投資する。

パートナーが共有するビジョン

短期的な利益は必要ではあるが、ビジネスを長期にわたって成功させるためには不十分だ。どのビジネスも、シュンペーターが資本主義の主な役割と呼ぶもの――創造的破壊を起こし続けること――を肝に銘じなければならない（シュンペーター著『資本主義・社会主義・民主主義』［日経BP社］より）。長期にわたって成功するためには、会社はイノベーションを起こし、少なくとも最も効果的な競合他社と同じくらいの速度で改善しなければならない。デビッドと私は、創造的破壊がコーク・インダストリーズのビジョンのかなめであることを理解している。これこそが、私たちとそのほかの多くの会社を分かつ基本的な違いである。

私たちの長期的利益に対する取り組みは、パートナーであり大株主でもあるマーシャル一族によって支えられている。J・ハワード・マーシャル二世、彼の息子のピアス、ピアスの未亡人のイレーヌは、私たちのビジョンが非難を浴びたときも毅然として私たちを支持してくれた。マーシャル一族は一二％以上の成長率を維持するというデビッドと私のビジョンをいつもサポートしてくれた。いろいろなものを組み合わせて複合化すれば、この成長率は平均して六年ごとに利益を二倍にしてくれる。「平均して」というのが極めて重要だ。利益をごまかせば（公開企業のなかには株価を守るために利益をごまかす企業もある）、私たちの未来は明るいものではなくなる。コークは複合化（この宇宙で最もパワフルな力）を重視するが、これがコークのビジョンとほかの会社のビジョンのもう一つの違いである。

六年ごとに利益を二倍にするには、市場ベースの経営（ＭＢＭ）をより完全に、より広く応用する能力を継続的に高めていかなければならない。より大きく、より複合的な企業として効果的に機能するために、人材を追加したり、育てたりする。私たちは非上場企業なので、長期的なスパンで物事を考えることができる。利益の九〇％を再投資して、より多くのリターンを生みだす機会を作る。そして、すべての社員はどこにいても正直にかつコンプライアンスに沿った行動を取る（正直さとコンプライアンスは、ＭＢＭの基本理念リストのトップ二。詳しくは次の第7章で見ていく）。

会社がこの速度で良い利益を増やすためには、正しい価値観と正しいビジョンが不可欠だ。それは、ビジョンと価値観を共有する正しいパートナーを持つことから始まる。パートナーとビジョンと価値観を共有できなければ、その結婚はおそらくは破綻する。私がお勧めするのは、「ビジネス上の婚前契約書」を交わすことである。

破棄条項を持たない敵対的パートナーシップは悪夢となる。よくても膠着状態に陥り、何も決まらないし、ビジネスは衰退する。私たちはある会社とジョイントベンチャー（合弁企業）を設立したことがある。敵意を持ったパートナーは、取締役会に一時間半も遅れて登場し、あらゆることを拒否した。幸いにも、契約書には離婚手続きが含まれていたため、彼らとは別れることができた。パートナーシップを組むときは退場メカニズムを持っていなければならないということを、私たちは少し前に学んだ。

両当事者がビジョンと価値観を共有し、互いの比較優位に基づいて貢献すれば、パートナーシップは優れた価値を生みだすパワフルなビークルになる。第3章で述べたクライスラー・リアルティの買収が可能になったのは、ウィチタの企業家であるジョージ・アブラと組んだパートナーシップのおかげだった。経済的危機に陥っている資産を買って、その価値を高めるというビジョンを共有し、価値観も同じだったため、このパートナーシップは非常にうまくいった。

効果的なビジョンを持つことはＭＢＭの最初の要素であり、長期的な成功へとつながる良い利益の源泉でもある。あなたのビジネスのあり方、そしてそれが他人にどういった価値を生むかを心のなかに思い描くことができなければ、どういった才能、知識プロセス、意思決定権、インセンティブが必要になるのかは分からない（ビジョンがどういったものであっても、良い利益に必要な美徳は変わらない）。ビジョンはほかの四つの要素の基礎となるものである。

目標を定めよ

利益を必要悪と見る人がいる。利益は貪欲の象徴であり、消費者から「搾取」したり、だましたりすることで得られるものだと考えるわけである。彼らにとって、利益はすべて悪なのである。

トーマス・ソウェルはこれに次のように反論する。「経済のことをよく知らない人は、ある会社が一〇〇万ドルの利益を上げれば、お客はその製品に一〇〇万ドルも余計に支払っているのだと誤解する。彼らはこれらの製品が、利益を期待して効率的にやろうというインセンティブのない会社が製造すれば、何百万ドルも余計にコストがかかるなどとは想像もつかないだろう」（トーマス・ソウェル著『エバー・ワンダー・ホワイ？ [Ever Wonder Why? And Other Controversial Essays]』［二〇〇六年］の「Profits Without Honor」より）

こうした考えを持つ人は、他人の生活を向上させることで長期的な利益を稼ぐということがどんな意味なのかが分かっていない人と言っても過言ではないだろう。もし彼らがこの意味を本当に理解しているのであれば、私と同じように彼らは良い利益を正しく評価し、本当に自由な社会では、人も会社も他人の役に立つことで利益を得ることができることを理解するはずである。

アダム・スミスは次のように言っている。「消費は、生産の唯一の終着点であり、目的である。そして、生産者の利益は、消費者の利益を促進するのに必要であるときのみ、かなえられるべきである」（アダム・スミス著『国富論』より）

消費はコークのビジョンの原動力である。私は、私の行動を導いてくれる方程式の一方の側にある消費者に敬意を払い、スミスと同じ気持ちでこの言葉を言いたい。消費者が燃料を「消費」していようと、食べ物、紙製品、本、バイオテクノロジー、あるいは情報テクノロジーを

「消費」していようと、私のビジネスにおける目標は、その人の役に立つことである。もし生産者が消費者が今欲しがっているものが何なのかを知るだけでなく、将来的に欲しがるものを予測することができれば、生産者にとってそれほど簡単なことはない。もし「消費者」が、今欲しいものを知り、将来的に何が欲しいかも分かれば、生産者の仕事は楽なものだ。

しかし、こんなことが分かる人はいない。消費者は時には、新しい商品・サービスが出てくるまで、その新しい商品・サービスを必要としていることに気づかなかったり、古い商品やサービスにフラストレーションを感じていないことさえある。消費者の欲求の無限の進化に対するビジネスビジョンを持つことは、長期的な成功にとって重要である。

一九七〇年代の情報テクノロジーの大口ユーザーが、将来的にはどんなコンピューターを使うかと質問されたとき、七〇％の人がＩＢＭのメーンフレームだと答えた。彼らは、インターネットに常時接続できる五〇〇ドルのパソコンが登場するとは夢にも思わなかっただろう。ましてや、スマートフォンやタブレットなんて想像だにしなかっただろう。メーンフレームの支配というビジョンに依存しすぎていたＩＢＭは、パソコンビジネスへの参入は遅れ、参入しても成功することはなかった。

「経済問題を解くことは、未知のものを探求する航海であり、物事をより良く行うための新しい方法を発見しようとすることである。経済問題は、予見できない変化によって生みだされる。そして変化すれば、それに順応しなければならない」とハイエクは書いている（Ｆ・Ａ・

ハイエク著『個人主義と経済秩序』〔春秋社〕より)。

将来は未知であり不可知であることをハイエクは分かっていたのである。したがって、私たちはどの投資が利益を生むかなど、確実に予測することはできない。創造的破壊を社内で推進するには、どの新製品、どのプロセス、どの方法、どの組織形態、どのビジネスが成功するかを判断するために、事実に基づく数多くの実験をやってみる必要がある。

どのビジネスを追究すべきかを決めるときにコークが考えるのは、どうすれば良い利益を長期にわたって得ることができるかである。これは私たちのビジョンの基本である。なぜなら、もし会社が他人に対して利益を生みださないのであれば、その会社は強制手段を使わないかぎり消滅するしかないからである。

継続的に利益を生みだす会社は、人々が高く評価するものを提供する会社であることを歴史は示している。一九一七年以来、フォーブス一〇〇のリストからは九三％の会社が消えていった。人々が高く評価するものを提供できない会社は、消滅するしかないのである。

会社が崩壊する要因の一つは間違ったビジョンのせいにあるのではないかと思っている。彼らは、社会に対して長期的に優れた価値を生みだすにはどうすればよいかを理解していなかったのである。その結果、彼らが社会に対して生みだす価値は減少していく。コークも含め会社が成功を持続させるには、顧客や社会に対して役立つように私たちを導いてくれるビジョンが不可欠なのである。

モノではなく、人

コークのビジョンは、価値創造と人を重視するという点がほかの会社のビジョンとは異なる。私たちは製品のことや産業のことについては語らない。私たちが重視するのはビジネス上の役割を果たすことによって、「人々」の日常生活において何ができるかである。コークのビジョンは、私たちの社員が身に付け、適用する必要のある特殊な能力と、私たちがそれを行ったときに一般の人々が享受する利益に焦点が当てられている。

真に自由な経済で会社が生き残り、長期にわたって繁栄していくためには、顧客にとって、社会にとって、そしてその会社にとって真に持続可能な優れた価値を創造する能力を身に付けて、それを使わなければならない。そうすることによってのみ、会社は顧客、サプライヤー、パートナーを鼓舞し、引きつけることができるのである。

彼らがだれと働くかを選択するとき、それがコークであってほしいと思っている。コークが選ばれないとき、私たちの提供する価値は競合他社よりも少ないことを意味する。したがって、私たちは成功することはない。

明確なビジョンを持つことは、最良の才能を引きつけるのにも不可欠だ。その会社が何を達成しようとしているのか、またどうやって価値を創造するのか――つまり、ビジョン――を理解することは、社員に何が重要で何を優先しなければならないのかを理解させるだけでなく、彼らに達成感を与えることができる。同じビジョンを持つことで、役割・責任・期待を持たせることができる。正しいビジョンを持ち、社員（特にリーダー）にそれを習得させ、必要があれば状況に合わせてできるだけ頻繁にビジョンを変更するのが重要なのはそのためである。

コークのビジョンは、私たちのやっていることや将来的な成功を維持するのに必要なものをより明確に取り込むために、二〇一三年に変更された。

社会における企業の役割は、リソースをなるべく温存しながら、人々がほかのものよりも高く評価する製品やサービスを提供することで、人々の生活が向上するのを手助けすることである。企業がこれを経済的手段によってやるかぎり、その利益はその企業が社会に対して生みだす価値を測る指標になる。創造的破壊は市場システムに本来備わっているものだ。したがって、企業は顧客や社会に対して創造する価値を継続的に向上させるだけでなく、競合他社よりも速くそれを行う必要がある。

成功を持続させるために、顧客に対して創造する価値を競合他社よりもより効率的かつ速く向上させることが私たちのビジョンである。このビジョンによって、平均で六年ごとに利益を二倍にするという長期的な成長率を達成するのに必要なＲＯＣ（資本利益率）と投資機会が生みだされるはずである。そのためには、ＭＢＭの応用を大幅に加速する必要がある。将来的な見通しを持って才能の取得と育成に取り組み、非上場企業の立場を維持して、利益の九〇％を再投資し続ける。当然ながら、あらゆることを合法的かつ誠実に行うことは言うまでもない。

これらの目標を達成するためには、ROCを高め、投資機会を大幅に増やし、その機会をとらえることが必要だ。私たちが投資するのは、既存の能力を利用し、あるいは新たな能力を追加することで、最大の価値、最高のリターンと貢献、および新しい成長プラットフォームを提供してくれるもののみに対してである。

これがコークのビジョンである。規模や形態がどうであれ、すべての企業は独自のビジョンを開発し、それを明確に伝えるように努力すべきである。

ペーパータオルからモノのインターネット化まで

ビジョンを打ち立てるにはいくつかのステップが必要になる。まず最初に、企業として顧客に対して優れた価値を創造するにはどうすればよいかを考え、それを全社で共有する。ビジョンとは、組織がその優れた価値をどう創造しようとしているのかを記述したものである。

コークが優れた価値を創造するうえで不可欠なものとしては、コマーシャル・エクセレンス、オペレーショナル・エクセレンス、人材、イノベーション、トレーディング・メンタリティー、パブリックセクターの有効性などが挙げられる。MBMはコークのビジョンを達成するのに不可欠な包括的な能力である。企業はそれぞれに異なる能力を持つ。それらが何なのか、そして優れた価値を創造するにはどうすればよいのかを理解することは、効果的なビジョンを築くうえで極めて重要だ。

良い利益に興味のある企業は、自分たちはどういった分野が得意か、どういった分野で競合他社をアウトパフォームできるかについて現実的に評価することから始めなければならない。次に、これらの能力をどう向上させ、将来的に遅れを取らないようにするために新しい能力をどう取得すればよいかについて考えなければならない。これには、その会社が持ち合わせていない能力を持っているほかの企業との提携やパートナーシップが含まれる。例えば、インビスタはバイオケミカルプロセスの開発を加速させるために二〇社と提携関係を結んでいる。

そして最後に、ビジョンは、これらの能力を組み合わせて優れた価値を創造するほかの機会を生みだすための案内人とならなければならない。

能力を重視したこのビジョンにとって重要なのは、創造的破壊の精神を内包した、理念を持った起業家精神である。長期的な成長を最大化するためには、企業は高い再投資率で再投資することが必要だ。複利のパワーは高い再投資によって得られるものである。これらの要素が一体となったコークのビジョンは、ほかの会社のビジョンと一線を画す。スターリン・バーナーと私がオクラホマ南部での原油収集というビジョンを脱して、北米で原油収集のリーダーとなることができたのはこれらの要素のおかげである。これらの要素はそれ以来、私たちのビジネスのビジョンの基礎となった。

コークが長年にわたって開発し取得した新しい能力を考えると、私たちの哲学を将来的にどう応用すればよいのかを予測するのは不可能だ。将来は、未知であり不可知だからである。したがって、企業のビジョンは容易に変更できるようにしておく必要があり、その根本には創造的破壊という概念を含む必要がある。

私たちの経験からすれば、企業は産業重視よりも能力重視のほうが目的をより効果的に達成することができる。例えば、石油産業で成功した探査会社が石油精製やマーケティングもやらなければならない理由はない。これらはすべて同じ産業に含まれるが、石油探査に必要な能力は、バリューチェーンのほかの部分に必要な能力とはまったく異なるのである。企業は原料供給を、例えば原油のように流動性の高い市場で調達できれば、持つ必要もなければ、制御する必要もない。持ったり制御する必要があるのは、原料供給が流動的でなかったり、特定の場所に保管することによってコスト優位性や品質優位性を得られる場合だけである。

原油精製は私たちにとって重要なビジネスだが、原油を私たちの石油精製所に供給するために生産する必要はないし、私たちの製品を直売するためのサービスステーションを持つ必要もない。その代わりに、私たちは商取引能力や流通能力や輸送能力を構築してきた。

私たちは石油探査も若干行っているが、それは私たちがトレーディング・メンタリティー（例えば、土地や埋蔵量の関連市場が変化するため、投資戦略を絶えず修正する［付録Cを参照］）を適用することで、石油探査を独立したビジネスとして成功させることができたからにほかならない。

私たちの将来的な方向性が予測不可能であること――そして、将来の方向性を導くうえでのビジョンの役割――の例としてはジョージア・パシフィック（GP）の買収が挙げられる。ジョージア・パシフィックの買収は、ペーパータオルに始まり、最終的にはモノとマシンとヒトとの間の無限で低コストのつながり（モノのインターネット化）が製造工場とオフィスの両方でいかに価値を生みだすことができるかを探求するという発展経路を切り開いた。

「未来のトイレ」を思い描くことは難くはない。未来のトイレでは、センサーがピークの使用時間、衛生パターン、カビの生える場所をモニタリングしながら、トイレットペーパーやタオルや石鹸を自動的に追加注文する。こうした技術によって、衛生面は改善され、コストは削減され、ジョージア・パシフィックと商業ビルオーナーとの間のコミュニケーションは効率化される。

しかし、私たちはどのようにしてペーパータオルからこうしたアイデアを思いついたのだろうか。二〇〇五年にコークがジョージア・パシフィックを買収したとき、ジョージア・パシフィックのエンモーション（enMotion）・タッチレス・ペーパータオル・ディスペンサーは、二〇〇二年から公共トイレでの細菌防止で好評を得ていた。ジョージア・パシフィックはエンモーション製品のマーケットシェアを拡大しながら、中核となるペーパー製品ビジネスを何とか維持していた。

しかし、ジョージア・パシフィックに対するコークの新しいビジョンは、創造的破壊の精神の下、ペーパーディスペンサー製品の世界で、いろいろな種類や型の実験的発見を行うことであった。その結果、新しいキャビネットデザイン、足跡があまりつかない静かなトイレ、タオルの品質改善、ソープディスペンサーへの拡張、既存のエンモーションの無料の性能向上と交換など、いろいろなイノベーションが生みだされた。ソフプル（SofPull）タオルディスペンサーはより低価格の代替品となった。二〇〇五年から二〇〇九年にかけて、ペーパーの売り上げはエンモーションのときの二倍に増えた。

しかし、二〇〇九年、シュンペーターの「吹き続ける強風」によってジョージア・パシフィックの売り上げは頭打ちになった。競争力を維持するには、製品のイノベーションだけではダメなのである。新しいテクノロジー、新しい供給源、新しい形態の組織が必要なのである。

そこで私たちは、どうすればペーパータオルだけでなくセンサーが人々の生活を向上できるかを考え始めた。人々が高く評価していたのは、細菌が繁殖する公共トイレで、濡れた手でディスペンサーの取っ手に触れる必要がないことだった。センサー技術はほかにどのような方法で顧客に価値を提供することができるのだろうか。

「ヒト」を重視するという視点から、ジョージア・パシフィックはディスペンサーの使用をワイヤレスでモニタリングするという革新的なアイデアを思いついた。これによって、病院は医療提供者の手洗い習慣を向上させることができる。病院職員にだれかに触る前に手を洗うことを敢行させるこのテクノロジーは、患者の感染率を低下させるうえで重要な役割を果たすことができる。

二〇〇九年以降、エンモーションディスペンサーからのペーパーの売り上げは伸び悩んでいたが、こうしたイノベーションによってビジネス全体の売り上げは市場よりも一〇倍以上も伸びた。電子タッチレスシステムは業務用ハンドドライヤー市場で一五％以上のシェアを占め、その半分以上をジョージア・パシフィックが占めている。

モノのインターネット化は、モレックス（コークの二番目に大きな買収）にとっても興味を引くものであることは明らかだ。創造力に富むエレクトロニクスメーカーのモレックスは、商業ビルの「デジタル天井」を研究中だ。これはＬＥＤを、標準ＣＡＴ５イーサネットケーブルでネットワーク接続した集積化センサーアレーに組み込むというものだ。これによって消費者の設置費用は低減し、使用を検出し電圧を最適化することで省エネ化を図ることができ、社員の現場でのニーズを満たすようにカスタマイズすることもできる。

新しいセンサーの開発と、コークでの革新的応用については、モレックスが主導権を握っている。二〇一五年、モレックスはフリント・ヒルズ・リソーシズのコーパスクリスティ石油精製所と連携を始め、インビスタのビクトリア工場（テキサス州）は製造プロセスの改善のためにセンサーを使う新しい機会の研究を開始した。

いずれの会社も、パイプや容器の漏えいを問題が起こる前に検出することで安全性とリソースの保全の向上を目指した新しいセンサーテクノロジーを開発中だ。センサーの開発目的はこれだけではない。振動をモニタリングして不具合を予測したり、スティームトラップの故障を未然に防いだり、プロセスエリアでの危険なガスを検出したり、プロセス変数をコントロールしたりするのにもセンサーは役立つ。これは信頼性の向上だけでなく、作業場とコミュニティの安全にも貢献する。

新しいセンサーテクノロジーとモレックスのほかのエレクトロニクス技術とを組み合わせることで、コークは安全性を高め、コストを削減し、他人に対して価値を創造する機会が得られる。これはひとえに、顧客に対して価値を創造する機会をとらえるために、社員ができることを重視したビジョンに従ったおかげである。

リソースの最適化

「ハードに走らせ、壊れたら修理する」――あなたは車をこんなふうには運転しないだろう。しかし、一九九〇年代中ごろのフリント・ヒルズは長期的な価値を最大化させるのではなく、日々の生産量を最大化することに重点を置いていた。オペレーターは設備を二四時間稼働し、故障したら、設備の運転を中止し、整備士が修理に来るのを待つ。こんなやり方だった。

オペレーターも整備士も短期的な利益を最大化させることで多くの報酬を得ていた。つまり、長期的な要素は軽視されていたわけである。しかし、理念を持った起業家精神――コークのビジョンの最も基本的で重要な要素――に不可欠な要素は、長期的な思考である。

リソースを保全しながら、他人に対して価値を創造するというビジョンを達成するためには、社員は理念を持ったオーナーのように長期的な視点に立って物事を考えなければならない。リソースの保全は理念を持った起業家精神の基本である。もし私たちの消費しているリソースが、私たちがそれを使って作っている製品の価値よりもほかの使い方のほうが価値が高ければ、私たちは社会に対して価値を創造していることにはならない。また、リソースを最も効率的な方法で使わなければ、リソースはムダになり、価値を破壊することになる。

理念を持った起業家精神がコインだとすれば、一方の面は顧客に対する価値創造で、もう一方の面は、リソースを社会のほかのニーズを満たすために利用することができるように、資本、原料、エネルギー、労働、特殊なスキル、知的財産、時間といったリソースを保全することである。私たちが理念を持った起業家精神を実施することで達成しようとしていることは、顧客に対する価値創造とリソースの保全との差を最大化することである。

一九九〇年代の終わり、フリント・ヒルズ・リソーシズ（ＦＨＲ）は財政面も安全面も危機的状況にあった。フリント・ヒルズ・リソーシズのリーダーは、理念を持った起業家精神を実行するというのはどういう意味なのかを深く理解した。そのためには、運転とメンテナンスが同じビジョンを共有して一体化されるシステムへの移行が不可欠だった。つまり、安全で予測可能な運転を行い、高い信頼性で積極的かつ効率的なメンテナンスを行うシステムが必要だったのである。

オーナーシップベースのワークシステムと呼ばれる新しいビジョンには、「選ばれるオペレーター」になることが含まれていた。これは、もしコミュニティーが一つの加工工場を選ぶとするならば、私たちの工場を選ぶことを意味する。

フリント・ヒルズにおけるこのビジョンの変更によってもたらされた結果の違いは歴然たるものだった。パインベンド石油精製所は予想外の出来事による損失を五〇％以上も減らすことができた。パインベンドとコーパスクリスティの石油精製所は環境・安全・衛生、信頼性、決算において業界のベンチマークになった。また、コークのほかの会社もオペレーショナル・エクセレンス能力の向上に取り組み、これと同じモデルを使って同様の改善を達成することができた。

エネルギーの保全も、コークが近年著しく進歩した分野の一つだ。コークのエネルギーチームが形成される二〇〇九年まで、この重要なリソースは「ビジネスを行うためのコスト」として扱われ、メンテナンスや人事などの営業経費よりも下にランク付けされていた。

エネルギー関連のベンチマークとベストプラクティスを研究したエネルギーチームは、コークではない会社がこの分野で大きな成果を上げていることを知った。これらの研究を通して、そしてできるだけリソースの浪費を抑えるという私たちのビジョンに真剣に取り組んだ結果、内部知識と外部知識を活用して、エネルギー改善モデルを開発し、一連のベストプラクティスを実現することに成功した。

そのモデルに含まれていたのは、測定ツール、現場ごとのエネルギー節約プロジェクトとアイデアの統合、進歩状態を測定するための年に一度のエネルギーベストプラクティスの評価、知識の共有を促進するためのエネルギー会議などである。ジョージア州ブランズウィックのジョージア・パシフィックのセルロース工場の社員は、ボイラーの燃料オイルの使用を毎日スコアボードで追跡した結果、ボイラーを別の方法で稼働することでコストの削減や省エネにつながることを発見した。設備部門、ボイラーのメーカー、ジョージア・パシフィックのリスク管理グループの間で知識を共有したことで、燃料オイルの消費は七〇％削減され、年間一六〇万ドルの節約につながった。

過去四年にわたり、私たちは年間二億ドル以上の省エネを実現した。コーク・インダストリーズは全社にわたって数々の重要なリソース保全イノベーションを起こした。しかも、そのすべてで高い安全性と環境パフォーマンスを維持し、ますます厳しさを増す要求に対する許認可を得て、熟練労働の不足を緩和するために新たな建設テクニックを開発した。こうしたビジョン駆動型の改善例は、コークのあらゆる会社で見ることができる。

例えば、コークＡｇ・アンド・エネルギー・ソリューションズは穀物の栄養素利用を大幅に高めることで穀物生産高を増加させる新たな製品を開発している。窒素肥料の四〇％は土中で失われると見られている。しかし、アグロテイン（ＡＧＲＯＴＡＩＮ）のようなイノベーションによって、喪失量は一〇％を下回るようになった。今、コークＡｇは穀物生産を増やし、肥料の環境に対する影響を緩和し、コストのかかるリソースの保全に取り組んでいる。

タワーインターナルアセンブリーを製造している子会社、コーク・グリッチは今、より安全で効率性の高いロボットによる溶接テクノロジーを使っている。フリント・ヒルズ・リソーシズは新たな大供給の北米原油の輸送、処理、売買を行う斬新な方法を開発した。コークの人事部は、モレックスの優れたグローバルな能力を使って、世界規模での人材採用と給料支払いのより効果的な方法を開発した。これらの改善は、ビジネス全般においてリソースの浪費を抑えるというコークのビジョンを具体化したものである。

資本も、私たちのビジョンにのっとり、最善に利用することで、保全および最適化しようとしている重要なリソースである。これはビジネスだけでなく、流動資産にも当てはまる。

今の人工的な低金利環境以前は、過剰流動性資産を短期の低リスクの投資対象に投資することが私たちの哲学だった。今の低金利環境でますます増大する流動性資産から魅力的なリターンを得るために、私たちのビジネス開発、資金、年金管理グループは、より複雑な高リターンの投資を行う能力を開発した。

例えば、アメリカン・グリーティングスなどの会社の株式の一部取得や、中小企業向け融資などがこれに当たる。相手当事者の特殊なニーズに耳を傾け、両当事者に合う構造を設計することでこれらの戦略はうまくいった。特に今の環境においては、コークが流動性資産を利益になるように投資することができ、相手当事者が必要な資金をほかよりも良い条件で調達することができれば、ウィン・ウィンの関係を築くことができる。私たちはスピード、確実性、機密性に優れ、効率的で反応が速いディールスクリーニングを提供し、私たちにとってはそれほど重要ではなくても売り手にとって重要な条件は譲るようにしている。

資本の最適化にはポートフォリオにおけるビジネスと資産の正しい選択も不可欠で、それらを売るかどうか、またいつ売るかを見極めなければならない。一般に、資産は買い手が所有者の残存価値の予想値を上回る価格で買うときに売るべきである。つまり、業界の変化の速度が所有者のイノベーション能力を上回るときということになる。

例えば、中国ではポリエステル工場の建設が急ピッチで進んでいるが、これによって劇的なイノベーションが起こり、その結果、新たな工場の建設コストは低減し、作業効率は上昇した。これに伴い二〇一〇年、インビスタは所有するポリエステル工場をインドラマ・ベンチャーズに売却した。インドラマは大規模でグローバルなポリエステル製造を計画し、そのイノベーション戦略にこれらの工場はぴったり合っていた。

一方、ポリエステルライセンス事業大手のインビスタ・パフォーマンス・テクノロジーズは、中国での成長とイノベーションの恩恵を受けて、ライセンス事業をスパンデックスとナイロンテクノロジーでグローバル展開した。

コーク・インダストリーズでは、成長の中核となる能力やプラットフォームを提供してくれる資産を売却することはめったにない。一九九〇年代、南テキサスでの原油生産が減少したため、コーパスクリスティの原油集油システムの売却を検討した。しかし、主要なシステムを売却しなかったことは幸運だった。これはのちにシェール鉱区イーグルフォードにおける巨大な量の原油生産を扱うのに役立った。

どういった企業も売却するものから最大の価値を得ようとするのは当然のことである。そのためには、その資産やビジネスがなぜ自分たちよりもほかのだれかにとってより多くの価値があるのかを考えなければならない。潜在的購入者はそのビジネスが売り手と同じくらい急速に衰退するとは思っていないはずだ。彼らは自分たちが所有する事業との相乗効果を期待しているのかもしれないし、売り手が持っていない能力やイノベーションを持っているかもしれない。一言で言えば、買い手のビジョンは売り手のビジョンとは異なるということである。

視点

　効果的なビジョンにするためには、ビジョンは企業が蓄積してきた最高の知識に基づくものでなければならない。コークでは、これは既存の能力と潜在的能力を理解することから始まる。顧客のことをよく知り、彼らが何を高く評価しているかを知り、競合他社とその戦略について知り、業界に影響を与える変化を知る。これらの知識を得るためには、リーダーは内部、そして外部からもこれらの知識を収集し、情報源がどうであれ最高の知識が使われるような文化を構築しなければならない。

　ジョージア・パシフィックのような大型買収の前には、私たちはジョージア・パシフィックとのパルプビジネスの経験やインビスタとのブランド消費者製品ビジネスの経験、およびそのほかの林業企業や消費者製品会社の買収から得た知識を通じて、この条件を満たしていた。私たちがジョージア・パシフィックを納得のいく価格で買収できたのは、リサーチをしっかり行うことで、ジョージア・パシフィックはリーダーが入れ替わる過渡期にあり、ドットコムバブルが崩壊したあと金融が引き締められていることを知ったからである。実は、入札したのはコーク一社だけだった。

　魅力的な機会を選択するうえで重要なのは、関心のある業界における現実的なシナリオについての視点を持つことである。未来は未知であり不可知なので、確実な視点を持つことは不可なくなるだろう。

能だ。もし未来を知るための方法などというものがこの世にあるのなら、起業家活動の価値は

　未来はもちろん知ることはできないが、想像できないわけではない。ルートヴィヒ・フォン・ミーゼスは次のように言っている。「利益を生む起業家のアイデアは大多数の人の心に浮かぶようなアイデアではない。利益を生むのは、正しい展望ではなく、ほかの人よりも優れた展望である。群衆が陥りやすい失敗によって間違った方向に導かれないような反対者のみが賞金を手にすることができるのである」（ルートヴィヒ・フォン・ミーゼス著『ヒューマン・アクション』［春秋社］より）

　もちろん、優れた展望だけでは賞金を手にすることはできない。起業家は、強い信念と勇気と能力を持って、その展望に基づいて「行動」しなければならない。ほかの人がやらないときに、私たちが石油精製所を改善し拡大するために何十億という資金を投資したのはまさにこれである。あるいは、業界が不況のときに倒産の危機にあったファームランドの肥料ビジネスを買収したのもまさしくこれである。

　私たちが成功したのは、競合他社よりも優れた視点を持っていたからだが、改善の余地も大いにある。もし私たちが優れた視点を持っていたならば、大きな損失を避け、より大きな利益を享受できたであろう例はたくさんある。

　例えば、ポリエステルテクニカルファイバーの価格が急落したときがそうである。さらに、

二〇〇八年の住宅バブルが崩壊したときもそうである。これはＦＲＢ（連邦準備制度理事会）が取った金融政策、ファニーメイやフレディーマックのサブプライム市場へのかかわり、融資規制によって引き起こされたものだ。もし私たちが二〇〇八年の天然ガス価格の急落を予測できていれば、より大きな利益を稼ぐことができただろう。もし天然ガス価格の急落を予測できていれば、肥料ビジネスと化学製品ビジネスをもっと拡大していただろう。

コーク・インダストリーズの手がけるビジネスの多様性を考えれば、そのビジョンは必然的に多様にならざるを得ない。コークよりも能力が限定的な会社――小企業が多い――のビジョンは、コークの個々のビジネスのビジョンのように、より具体的でなければならない。企業のビジョンの幅は、それが持つ能力の幅に応じた多様性を持つべきだ。

それと同時に、企業のビジョンには、戦略、意思決定、リソースの配分、全社員の役割・責任・期待を導くだけの具体性が必要だ。また、企業全体を通じてリーダーや社員の思考を拡大するためには、ビジョンは野心的なものでなければならない。

効果的なビジョンを打ち立てるには、正しい方向を向いた視点を持つ必要がある。そのためには、システマティックでグローバルな学習を集中的に行うことが不可欠だ。私たちがビジネスや業界の歴史だけでなく、既存のテクノロジーや潜在的テクノロジー、競合他社、顧客、適用法、業界の構造、私たちが今参入している業界と参入を考えている業界で、これらのファクターがどう変化しているのかを学習するのはそのためである。

次に私たちは、関連する業界におけるバリューチェーン、コスト構造、製品の将来的な需要、参加者の競争力、そのほかの意味のある要素やトレンドを分析する。私たちが知りたいのは、将来的な原動力と、関連業界の各種セグメントの収益性である。しかし、そこには不確実性が存在するため、どんな視点においてもおおまかな方向が正しいことが必要だ。私たちはこうした分析を、ジョージア・パシフィックとモレックスを買収する前に行い、インビスタが上海の大手ナイロン複合体と事業を行う前にも行った。

私たちの視点は絶えず変化する。視点の変化に伴って、最良の機会についての考え方を修正し、それらをどうとらえればよいのかについての考え方も修正する。こうした分析を通して、コークの各会社は優れた価値をどのように創造しようとしているのかを明確に示したビジョンを打ち立てる。これらのビジョンはコークのビジョンに基づいたものであり、コークのビジョンに一致していなければならないのは言うまでもない。

平均で六年ごとに利益を倍増させるという私たちの目標を達成するためには、ROCを継続的に改善し、十分に利益の出る投資機会をとらえる能力を高めていく必要がある。後者においては、私たちの知識や経験を、会社の規模の拡大に伴って増強していく必要がある。私たちに必要なのは、目立った変化をもたらすイノベーション、より大きな利益を上げる投資、成長を促進する新しいプラットフォームである。

どんな企業も、自分たちの能力を理解したうえでビジョンを打ち立て、顧客のために価値を創造する能力を素早く改善する努力をすることで、これが可能になる。そのためには、創造的破壊の文化が必要だ。例えば、モレックスの製品は寿命が二～三年と短い。

既存の価値を打ち砕くイノベーションは企業の活力源となる。したがって、企業は多大な人材と財源をこうしたイノベーションに投資しなければならない。インテルの共同創始者であるゴードン・ムーアは、半導体の性能は一八カ月ごとに二倍になるだろうと言った。これは最も恐るべき究極の創造的破壊であり、創業したばかりのテクノロジー会社の九〇%が失敗に終わるのはこのためである。あなたの会社にイノベーションの文化がなければ、すぐに死が訪れるだろう。

ビジネスにはリスクが付き物

ビジョンの開発プロセスは、その会社が今参入している業界だけでなく、参入を考えている業界にも同じように当てはまる。新しい機会はその会社の伝統的産業のなかに存在するだけでなく、新たな産業のなかにも存在する。コークの会社が、今参入している業界の内外で同じビジョン開発プロセスを適用できるのはそのためだ。

このプロセスでは、まずビジネスおよびコーク・インダストリーズ全体の能力を考えることから始まる。もっと難しいのは、各ビジネスにコークに変化をもたらす可能性のある機会に集中的に取り組ませることである。

ビジョンに基づいて、コーク（および私たちが手がけている各ビジネス）は長期的な価値を最大化するような戦略を開発・実行する。そのためには優先順位を設定する必要がある。複雑なビジネスにおいては、物事を行う順序を決めることは、何をやるべきかを決めることと同じくらい重要なのである。

優先順位を決めるには、少なくとも二つの判断基準が必要になる。一つは、政府規制に従って締め切りに間に合わせるとか、顧客の品質要求に応えるとか、そのビジネスにとどまるのに必要な行動を考えることである。

もう一つは、機会のリスク調整済み現在価値の推定と必要なリソースの比較である。つまり、ROCだけを見るのではなく、才能やほかの希少なリソースによって得られるリターンも考慮しなければならないということである。

したがって、リスク調整済み現在価値が一億ドルの機会は、ROCやそのほかのリソースが同じだとすると、二〇〇〇万ドルの機会よりも優先しなければならないということになる。優先順位を決めなければ、すべてのことを一度にやろうとしてしまう。これでは何一つ首尾よく速やかにやり遂げることはできない。

例えば、環境・労働安全衛生パフォーマンスと運営管理が不十分な新しい製造工場の購入を検討しているとすると、コーク内のどこかから関連する人材を派遣することで、大きな改善を見込むことができるだろう。しかし、機会費用というものが必ず発生するため、その人たちを派遣することで、派遣しなければ得られたであろう利益が犠牲になる。本当に才能のある人材というものは希少なリソースである。したがって、彼らを使うことには慎重さが必要だ。

優先順位を決めるとき、短期の最適化戦略と長期の成長、およびイノベーション戦略のどちらを優先するかを決めるのは難しい選択になる。通常、企業は長期的な戦略にはあまり投資しない傾向がある。この傾向をなくすには、成長とイノベーションにリソースを積極的に割り当てる必要がある。長期的な戦略はしばらくは利益に結びつかないので、その過程における進歩に対してインセンティブを与えることが必要になる（第10章の「インセンティブ」を参照）。

そのビジネス全般に対してビジョンに基づく優先順位が決まったら、マーケティング、販売、営業、供給、研究開発、サポートグループ（特に、人材と文化を担当する人々）における優先順位も決めなければならない。また各分野においては、ビジョンを最も推進できそうな人に責任を持って、その任に当たらせる。社員は結果に対する責任説明を求められる。

長期的な価値を最大化するには、新たな改善、戦略、イノベーションを促進する実験的発見プロセスも必要になる。実験には失敗が付き物だ。アインシュタインは、「失敗を経験したことがない者は、何も新しいことに挑戦したことがないということだ」と言っている（スコット・ソープ著『実践！アインシュタインの論理思考法』［ＰＨＰ出版］のなかで引用）。重要なのは、いつ実験をしているのかを認識し、実験に現実に基づくビジョンを反映させることである。

慎重な実験を行わなかったとき、コークは会社として大きな打撃を受けた。一九七〇年代の海運業における損失と一九九〇年代の農業における損失は、現実に基づくビジョンを持たなかったこと、そして複雑で規模の大きな実験をコントロールする能力がないことを認識しなかったことが大きな損失につながった例である。これら二つのビジネスは今では利益を上げているが、利益を上げるようになったのは、事業を完全に再構築したあとであることは注目に値する。

一九九〇年代の終わりに私たちの農業ビジネスは「ガスからパンへの拡張」を試みたが、制御不能に陥り、失敗した。こうした失敗した実験を受けて、私たちは実際の能力に基づいて価値を創造する新たなビジョンを開発した。コーク・ファーティライザーは、テクノロジーを起こし、市場に売り込み、売買・提供するグローバルな肥料会社として、新たなビジョンの下で運営されている。これは市場ベースの経営を規律を守り、一貫して適用した結果である。同じアプローチを使って、マタドール・キャトル・カンパニーもまた新たなビジョンを実現した。この会社の赤牛はおいしくて心臓に良く、需要も高い。コーク・ファイティライザーもマタドール・キャトル・カンパニーもかつてはコークの農業グループの失敗例だったが、今ではビジネスとして大成功している。

持続して成功する製品開発には、クオリティーの高い研究開発が必要なだけでなく、機会を見つけ、能力、規律、集中力、リソース、そしてこれらをとらえることができる文化を持つマーケティングや製造組織も必要だ。あなたがどういった業界にいようとも、供給から製造、マーケティングに至るまで、会社のビジネスプロセス全体にわたるイノベーションと統合が必要ということである。人材、会計、法務、コンプライアンス、そしてそのほかのサポートサービスも同じである。

私たちの北極星

コークのビジョンは私たちにとって二つの重要な役割を持つ。一つは、私たちの行動を導く基本的な理念――北極星――としての役割、もう一つは、戦略ガイドとしての役割である。北極星としての役割を持つ私たちのビジョンは不変である。私たちのビジョンは、私たちが到達しようとする目的地にたどりつかせるのではなく、常に正しい方向に向かわせるための羅針盤なのである。

ビジョンには、社会における会社の役割や基本理念などが含まれている。ビジョンの内容が変更されるのは、変更したほうがこうした基本原理をもっとよく説明できるときのみである。

戦略ガイドとしてのビジョンは、ビジネス環境や私たちの能力が変化したり、最良の機会をもっと効果的にとらえられることが分かったときには変更しなければならない。

私たちのビジョンを実現するために、私たちは会社としての役割を全うするだけでなく、ほかの会社にも、経済的な手段でしか利益を得ることはできないといった理念を持った起業家精神を実践させることで、社会に利益を与えるように促していくつもりだ。私たちを支持してくれる人々を教育し、彼らに人間の幸福を向上させる市場ベースの政策を提唱するように働きかけることで、新しい仕事やもっと良い仕事、新しいビジネス機会、人々が互いに支え合うより安全なコミュニティーを通して、私たちは力を合わせて人々の生活がもっと良くなるように手助けすることができるのである。これはだれもが持つことのできるビジョンである。

会社は、行動を導き、顧客や社会に対して真の価値を創造するビジョンへと導いてくれる基本理念を持たなければならない。これによって良い利益がもたらされるのである。

第7章 美徳と才能――まずは価値観より始めよ

「能力があれば頂点へたどりつけるかもしれない。しかし、個性がなければそこへ居続けることはできない」

――ジョン・ウッデン（http://sports.espn.go.com/ncb/news/story?id=5249709 を参照）

ＮＣＡＡ（全米大学体育協会）の全米選手権を一二年で一〇回も制覇し、八八連勝という前代未踏の記録を打ち立てた、大学バスケットボールの歴史に残る最高のコーチ――それが故ジョン・ウッデン（ＵＣＬＡ）である。彼が個性を重視したことと、コーチとしてたぐいまれなる成績を上げたことは偶然の一致ではないと私は思っている。最高のコーチは、才能と同じくらい美徳も重視する。

これは私の地元のバスケットチームであるウィチタ・ステート・ショッカーズのコーチにも通ずるものがある。新メンバーの採用が正しい価値を持つように、彼は彼らをキャンパスに案内し、仲間同士でどう振る舞うのかを観察するだけではない。彼は選手の自宅を訪問し、彼らやその両親と話をする。自宅であまりにも生意気な態度を取ったり、両親を尊敬する気持ちに欠けていたりすれば、その子は規律あるコーチングとチームワークにうまく対応できないということになる。

ウィチタ州立大学には才能あるプレーヤーやベストシューターはやってこない。才能あるプレーヤーはバスケットボールで有名な大学にさらわれてしまうからだ。それでもマーシャルは二〇一二～一三年シーズンにショッカーズをファイナルフォーへと導き、二〇一四年のNCAAトーナメントでは全勝して第一シードを獲得した。これはひとえに、彼のメンバーの採用とコーチングが美徳に重点をおいていたからにほかならない。

コーク・インダストリーズは就職希望者の自宅を訪問することはないが、就職希望者と最初に接触したとき、性格が良いかどうか、私たちと同じ価値観を持つかどうかをチェックする。職種にかかわらず、すべての就職希望者に対してこれを行う。

人材採用担当者は候補者に電話をして、基本理念に基づいて彼（彼女）の過去の行動について質問する。困難な状況に遭遇したときどう対処したか、他人のことを話しているときに彼らに敬意を表すかどうか、官僚的かどうか、過ちを素直に認めるかどうかといったことを質問する。

さらに、候補者が面接にやってきたとき、受付とのやりとり、エレベーターのなかで見知らぬ人に会ったときの対応、カフェテリアで働いている人に対する対応も見逃さない。面接では、その候補者が私たちの会社の価値観に合っているかどうかを見極めるために、彼（彼女）の振る舞いをチェックする。

私たちは数回の面接をする。各面接では、面接官は候補者が私たちが定めた性格特性に一致しているかどうかをチェックする。チェックする各項目は私たちの基本理念に基づいており、次のものが含まれる。①正直さとコンプライアンス、②価値創造、理念を持った起業家精神、顧客中心主義、③知識と変化、④謙虚さと尊敬の念、⑤役割に必要なスキルと知識。各面接官は割り当てられた項目をチェックし、候補者に自由に質問し、候補者が望ましい特性を持っている可能性があるかどうかを見定める。一連の面接が終わると、人材採用担当者、面接官、雇用するマネジャーとの間で話し合いが行われ、採用を決定するうえで最良の知識が共有されていることを確認する。

このプロセスによって、私たちの基本理念に従って行動し、高いパフォーマンスを上げる息の長い社員を選ぶ私たちの能力は大きく向上した。

人員を採用するとき、該当する職種に必要なスキルを優先し、その人員がその会社の価値観に合った価値観を持っていることを祈るだけの会社もあるが、コークのアプローチはこれの逆である。私たちは「まず」価値観を重視する。美徳と才能をもった人員を採用するのが私たちの目指すところであるが、もしどちらかを優先しなければならないとすれば、私たちは美徳を選ぶ。なぜなら、才能があっても悪い価値観を持つ人は、才能は劣っても美徳のある人よりも会社に与える損害は甚大だと考えているからである。

もし間違って悪い価値観を持つ人を採用してしまったら、その人は心持ちも悪く、勤労観もないと思ったほうがよいだろう。最悪の社員は、悪魔的な才能を持った人だ。才能のみを重視し、美徳を無視すると会社がどうなるかを考えてみよう。エンロン、ワールドコム、ベアリングス銀行をはじめとする数多くの会社が詐欺、会社ぐるみの不正、社員のスキャンダルによって崩壊した。

人は適切な価値観、信念、知性を持っていれば、必要なスキルや知識はあとで身に付けることができる。このことを私たちは経験を通じて知った。私たちは市場ベースの経営（MBM）の基本理念と一致することを特に重視しているので、必要なスキルも持った候補者を見つけるのは難しいこともある。しかし、もっと難しいのは、その人の知識を向上させることよりも、価値観を変えさせることである。

有名なニューヨークのビジネス出版物を発行している会社からやってきたアイビーリーグ出身のジャーナリストが、私にコークと社員についてインタービューしたことがある。そのジャーナリストはおそらくは悪気があって質問したのではないと思うのだが、「ウィチタに本社があるのでは才能ある人材はやって来ないのではないですか」と聞いてきた。

アメリカの中部に本社があることはけっして不利にはならず、資産になることに、彼女は気づいていなかったのである。農場で育った人はだれでも価値観の意味と勤労観の重要さを知っている。牛の乳搾りをするために朝起きることなく、眠ることを選んだとしても、責任を転嫁することはできず、過ちをごまかすこともできない。ほかの会社はアイビーリーグ卒の就職希望者と面接することを好むかもしれないが、コークはハーバード大学よりもウィチタ州立大学出身者やカンザス州立大学出身者を採用して、素晴らしい結果を出してきた（私の後継者としてコーク・インダストリーズの社長になった四人の社員は、マーレイ州立大学農学部、テキサスA＆M大学、トゥルサ大学、エンポリア州立大学の出身者である）。

どの組織も独自の文化を持っている。その文化が意識的に目的を持って作られたものでなければ、個人崇拝や「自由気まま」な環境へと退化していくだろう。良いか悪いかは別にして、組織の文化は、リーダーが設けたルールやインセンティブだけでなく、その成員の価値観、信念、行動によって決まり、それらは社員にとっての行動モデルになる。コークの中核となる価値観はMBMの基本理念と行動ルールに組み込まれ、これらが長期的な良い利益にとって不可欠であることは経験が教えてくれる。

MBMは多くの美徳を持った文化を必要とする。幸運なことに、新しく雇った人に美徳が欠けていれば、美徳を持つように教育することができる（もちろん、教えこむのが難しい美徳もある）。こうした美徳は、政策や活動を評価し、行動を評価し、個人の行動指針となる行動基準と共有された価値観や信念を構築するための基準となる。しかし、これらの美徳は、「ガイドラインであって、命令ではない」ことを認識することは重要だ。

命令ではなく、一般原理に従って期待を設定することで、社員は彼らの仕事の重要性を理解することができる。彼らは自由に考え、自由にイノベーションを起こすことができる。社員が何も考えずに命令に従ったとき、彼らが良い価値観を持っているかどうかとは無関係に、進歩はほとんどなかった。

私は、科学的バックグラウンドと、命令に盲目的に従うことを嫌うことによって培われた探求心を持ってビジネス界に入ってきた。社会であれ組織であれ、どういったグループも、命令によって指図されるよりも、正しい行動の一般的ルールによって導かれたときのほうがより効果的に機能する。フランスの経済学者であるフレデリック・バスティアは次のように言っている。「法律を尊重させる最も確実な方法は、それらの法律を尊重できるものにすることである」（フレデリック・バスティア著『セレクテッド・エッセイズ・オン・ポリティカル・エコノミー［Selected Essays on Political Economy］』［一九六四年］より）。細かいことはその仕事をする人に一任することで、発見を促し、絶えず変化する状況に対する適応能力を高めることができるのである。

ポランニーは『リパブリック・オブ・サイエンス』のなかで次のように書いている。「それゆえに、科学的世論の権威は、詳細の破壊を助長するという目的で、科学の一般的な教えを強化する」（ポランニー著『リパブリック・オブ・サイエンス』より）。ビジネスの世界では、これは一定の基準を設けることを意味する（コークの場合、基本理念に当たる）。こうした基準のなかで人々に新しいアプローチを自由に模索させることがイノベーションにつながるのである。さらに、科学的証拠の法則（私たちの定理を支持する証拠を探すのと同じくらい熱心に、定理を反証する証拠を探す）を適用することもイノベーションにとって不可欠である。最高の科学者は、謙虚で知的誠実さを持っている。そして、彼らが最も活発に探求できる環境は、自由社会の原理に基づいた環境である。

コークが謙虚さを失えば、会社は創造的破壊の不意打ちを食らうだろう。私たちは、大きすぎて、あるいは良すぎて潰れることはない、と考えてはならない。ＭＢＭから最高の利益を得るには、すべての社員が私たちの中核となる価値観を自分のものにし、それを彼らが行うあらゆることのなかに体現していくことが重要である。

コークが基本理念と呼ぶ価値観は三つの異なるカテゴリーから生まれたものだ。一つは、イノベーションや生産性が高められる自由社会の基本的なフレームワーク。ただし、そのフレームワークが支持される場合に限られる。もう一つは、ハイエク、ポランニー、マズローのような、その行動規定が現実をベースにしていると印象づけられた哲学者や心理学者の理論である。

三つ目は、いろいろな人々と働いた私自身の体験である。私は、父やスターリン・バーナーのような正しい価値観を持つ多くの人々と一緒に仕事ができたことを誇りに思っている。しかし、その価値観に疑問を感じる人もたくさんいた。例えば、センテニアルバレーで宿泊を共にしたビタールート・ボブ、私が数学の試験で最低限必要な水準以上に答えたことを不信に思ったクアナのクラスメートたち、地上の楽園を約束したが地獄しか生みださなかった共産主義の革命家たち、富を約束したのに倒産して多くのアメリカ人を傷つけたビジネスリーダーたち、貧困を根絶すると約束したがそれを永続させた米国の政治家たちがそうである。

私は理想的な価値観を持つ完璧な手本ではない（映画の券を買うときに整理されていない列の先に割り込もうとしたり、父に授業料の支払いをやめると脅される前に学業を怠けていた私を思い出してもらいたい）。私を含め、生まれながらにして正しい価値観を持っている人はいない。私はビジネスで成功するために重要な理念を「学ばなければならなかった」し、それをどうすれば最もよく応用できるのかも学ばなければならなかった。どういったビジネスのどんな人も、会社の地位がどうであれ、良い利益を生む価値観を常に学び、強化しなければならないのである。

私は毎年、コーク全体で行われる同じような評価にさらされる。最も近くで働いている人々によって私のパフォーマンスが評価されるわけである。どうすれば会社に対してもっと貢献できるようになれるのかを私は知りたい。これについてはいくつかの偉大な提案が与えられた（詳しくはのちほど説明する）。

基本理念

コークにとって最も有益な文化を維持・向上させるには、ＣＥＯ（最高経営責任者）も含めすべての社員がこれらの基本理念をしっかり理解し、実践しなければならない。

ＭＢＭの基本理念

一．誠実さ
二．コンプライアンス
三．価値創造
四．理念を持った起業家精神
五．顧客中心主義
六．知識
七．変化
八．謙虚さ

九．尊敬
一〇．達成感

これらの理念の実践をまとめたものは以下のとおりである。

一．誠実さ

私たちのシステムは、倫理的な人々のためのシステムである。それはジョン・アダムス（ジョン・アダムスが、一七九八年一〇月一一日、マサチューセッツ市民軍の第三師団第一旅団の将校たちに宛てた手紙。http://founders.archives.gov/documents/Adams/99-02-02-3102 を参照）の言葉そのものである。誠実さはＭＢＭにとって極めて重要だ。どんなことでも誠実に行うことが私たちの第一の理念である。なぜなら、誠実さは信頼の基本であり、社員、顧客、サプライヤー、パートナー、コミュニティー、政府といった私たちの支持者と互いに有益な関係を築くうえでの基本でもあるからである。

だれもが誠実さを持って行動し、言ったことは必ず守り、自分たちがされて面白くないことを世界に対してけっしてしないとき、生産的ビジネスがどんなものになるか想像してみてほしい。規制、契約、告訴、安全性にそれほど多くの時間とお金を使う必要はなく、取引コストは大幅に削減できるだろう。

コークでは、誠実さとは、基本理念と行動ルールに書かれている道徳規範を固く守ることを意味する。これには勇気が必要だ。なぜなら、私たちの基本理念に従って行動することは、不快感と恐怖を引き起こすこともあるからである。特に一般通念に異論を唱えるときはそうである。しかし、プレッシャーを受けたときに理念を捨てれば、理念に何の意味があるだろうか。

二．コンプライアンス

誠実さの次に重要なのがコンプライアンスである。一〇〇％の社員が一〇〇％の時間で完全に規則に従うという「一〇〇〇〇％」の目標がこれに当たる。修復不可能な害を社会、会社、同僚の社員たちに与えるには、ただ一人の人が一度だけ間違ったことをすれば事足りる。

企業の理念と政策は二つの目的をもって達成される――①社員が規則に、それに賛成であろうが反対であろうが、従うこと、②社員のやることがその会社の長期的な成功をサポートするものであること。何かが間違っていると思えるときは、社員は「立ち止まって、考え、問う」ことが重要だ。

この良い例は、二〇一一年にジョージア・パシフィックの石膏事業のリーダーが、壁板市場の競合他社の多くが顧客に不自然な価格を提示していることに気づいたときだ。それは過去の価格と著しく異なり、「価格操作」として起訴されかねないものだった。石膏事業マネジメントチームは、ジョージア・パシフィックのコンプライアンスおよび法的業務の幹部と協力して、ジョージア・パシフィックの価格は、そういったものの干渉を受けず、反トラスト法の違反と誤解されないような形で発表した。

当然ながら、予想どおり、州検事総長のオフィスは石膏の乾式壁の価格付けの調査にすぐに乗り出した。そして、予想どおり、米国の石膏壁板業界に対する民事訴訟が起こされた。ジョージア・パシフィックは最初は被告として名前が挙がっていたが、反トラスト法違反に関与していないことを明確に示す記録を原告弁護士に提出したあと、ジョージア・パシフィックは被告から名前が消された。ジョージア・パシフィックが基本理念、特に基本理念の一と二を忠実に守ったことで、コークは高くつく訴訟を免れ、会社の信用を傷つけずに済んだ。

すべての社員——特に、コンプライアンスがリップサービスにすぎないほかの会社で長く働いてきた社員——は、責任を持って彼らの役割に関連する要求とリスクを管理しなければならない。これを達成するには、関与するすべての人——特に、マネジメントチェーンにいる人々——に説明責任を持たせる以外にない。「私は知らなかった」では済まされないのである。

三．価値創造

第6章で述べたように、私たちのビジョンは、経済的な手段で顧客、社会、会社に対して長期的な価値を創造することである。最も重要なのは顧客だ。なぜなら、顧客がいなければビジネスは成り立たないからである。「経済的手段」によって価値を創造するには、私たちの行動が私たちのコミュニティーと社会のほかの人々にとって役に立つことも必要である。

ＭＢＭを利用することで、社員はより良い意思決定を行えるようになり、安全性と環境エクセレンスを高め、ムダを省き、最適化やイノベーションを行えるようになる。これらはすべて価値創造に貢献するものだ。これらの理念に従うことは、コンプライアンス以上に重要である。私たちにとって人々を守ることは最優先事項である。小さなケガや小さな環境問題も避けなければならないが、一つだけ優先するとするならば、大惨事――特に、死亡事故――のリスクをなくすことである。私たちが最優先すべきことは、重傷事故や一つ間違えれば大事故につながる可能性のあるニアミスを防ぐことである。

保全と利益は相いれないものと見る人がいる。しかし、私たちの基本理念のレンズを通して見ると、実は保全と利益とは一致するものであることは明らかである。創造的破壊が必要とするものは、長期的に優れた結果を生むために顧客に対する価値を創造するだけでなく、ムダを防ぎリソースの使用を最小化するより良い方法を発見することである。

この良い例が、コークのジョン・ジンク・ハムワージー・コンバスチョンという子会社である。この会社は、原油採掘時に出るガスフレアを燃料や原材料に変える利益の出るシステムを開発した。このプロセスでは基本的にフレアリングの必要はなく、そのため大気を汚染し、ムダ金を使わせる排ガスを減らすことができる。

この例で示した創造的破壊は、私たちをイノベーションと起業家精神の文化へと向かわせるものである。起業家精神については次の理念で説明する。

四．理念を持った起業家精神

この理念は、私たちの文化にとって極めて重要なもので、商標登録している。この理念は、「顧客に対して優れた価値を創造することで長期的な利益を最大化すると同時に、リソースの消費を減らし、常に法律に従って誠実さを持って行動すること」と定義される。社会に対して価値を創造するには理念を持った起業家精神が必要になる。この起業家精神は、企業助成政策や企業不正のような政治的、あるいはほかの形態の起業家精神とは異なる。

私たちは、社員には判断し、責任を持ち、イニシアチブを取り、経済的・批判的思考スキルを持ち、会社のリスク哲学（これについてはこのすぐあとで説明する）に従って、最大の貢献ができるように必要な切迫感を持つことを求めている。

判断は、オピニオンを形成したり、ほかの可能性を評価したり、あるいは違いを認識して比較することで取る行動を選択するプロセスである。

責任には二つの重要なアイデアが含まれる――①間違ったことではなくて正しいことを選ぶこと、②自分の行動と義務に責任を持つこと。社員は責任を持ち、行った行動や結果に対して説明責任を持たなければならない。

イニシアチブとは、言われなくても考えて行動し、新しいアイデアや方法を考案することを意味する。

経済的思考スキルは私たちの概念（例えば、機会費用や比較優位など）やツールを学び、結果を出すためにそれらを応用することで身に付くものだ。これは、私たちが最も利益の出る行動を取れるように、重要な事柄を見極め、構成する能力につながる。

批判的思考スキルとは、目の前にあるものの背後を見て、二次的・三次的な効果を予測する能力のことを言う。これはイノベーションに不可欠である。

切迫感は、私たちが競合他社よりも速い速度で向上しようと思ったときに必要なものだ。これは、機会費用を考慮しながら、時間と費用を正当化するだけの十分な価値を生まないステップや行動を排除することで達成される。

最後に、社員は自分たちのリスク哲学ではなくて、「会社」のリスク哲学を反映した意思決定を行う必要がある。ビジネスリスクへのアプローチには、リスク選好（リスクを好む傾向あるいは避ける傾向）とリスク許容（受け入れることができるリスクの大きさ）の二つがある。

一般に、会社は金融上の多くの賭けを行い、巨大なリソースを持つため、会社のリスク哲学は個々の社員のリスク哲学とは大きく異なる。会社が成功し成長し続けるためには、社員は、規則に準拠し、そうすることが利益になるかぎり、個人として負うよりもはるかに大きな金融リスクを負わなければならない。

例を見てみよう。社員は、一〇〇万ドル儲けられる確率が五〇％の投資よりも、一〇万ドル儲けられる確率が九〇％の投資を行うべきだろうか。答えはノーである。なぜなら、リスク調整ベースでは、前者が五〇万ドルの儲けになるのに対して、後者は九万ドルの儲けにしかならないからである。より多くの利益を稼ぐためには、何の実も結ばないかもしれないが、チャンスにかけることを社員に奨励する必要がある。

五．顧客中心主義

顧客やサプライヤーと長く続く関係を築くことは、私たちの側にとっても彼らの側にとっても、成功するために重要な要素である。そのためには、共通のビジョン、価値観、インセンティブ、得られた信用を守る強力な基礎に基づくウィン・ウィンの関係が必要だ。

スターリン・バーナーは、イギリス王のジョージ六世のように、話すときよく言葉に詰まった（似ているのはこれだけ。スターリンはテキサス・レンジャーのテントのなかで生まれ、大学は中退し、油田設備をラバを使って運ぶ仕事をしていた）。吃音のため、話すことは少なく、聞くことが多かった。スターリンが私が知るほかのだれよりも顧客との関係を築くことに長けていたのは、おそらくはこのためだ。良い利益を生むためには、顧客が高く評価するもの、彼らが期待するもの、評価基準、インセンティブ、ニーズ、選択肢、意思決定プロセスを理解するだけでなく、これらを予測することが不可欠だ。

スターリンの顧客対応能力によって、コークは好ましいサプライヤーになるという目標に向かって進むことができた。顧客と信頼関係を築き、彼らのニーズを予測し、彼らが知っていることの一歩先を行くことで、だれでも顧客とこうした関係を築くことができる。前章で述べたように、顧客が示す好みに応えることは重要だが、私たちはそれ以上のことをやらなければならない。顧客は手に入るものが分かるまで、今の選択肢よりも何を好むかを知ることはできない。携帯電話の顧客は、メッセージを打てるデバイスや、半径五ブロックの範囲内で最高のピザ屋を見つけることができるデバイスを好むなどとは思いもしなかったが、携帯電話の開発者は顧客がそういったデバイスを欲しがることを予期していた。

六．知識

最良の知識を探し、それを利用し、あなたの知識を他人と積極的に共有し、間違っていると言われても、それを喜んで受け入れよ。そのためには、行動を導き、知識を創造し、より良い判断、イノベーション、利益を生みだす行動につながる指標が必要だ。

コークでは、この理念に対するあらゆる指標を評価し、改善を促す重要な指標を開発するように努力している。私たちは社員に対して、よく用いる知識に満足することなく、会社の内外で、有用な知識の最高の源泉となるようなものを積極的に探すよう奨励している。フリント・ヒルズやインビスタの工場は、モレックスが開発しているセンサーテクノロジーのことを知ることで大きな利益を上げたし、モレックスはジョージア・パシフィックが提供するセンサーの市場のことを知ることで、莫大な儲けを築いた。私たちはこうした会社同士の知識を共有することを、特に推奨している。異なる意見や専門知識を求めたり、同意できないときは建設的な意見を述べる勇気を持つようなチャレンジ精神を発揮することはだれにとっても重要なことなのである。

進歩と幸福は、知識を身に付け、それを応用することでもたらされるものである。知識の共有についての理念は次の第8章で詳しく説明する。

七．変化

優れた競争優位は、変化を予見し、その洞察力を基に素早く行動を起こすことで生まれるものだ。また、広範にわたる実験を継続することで創造的破壊を推進する人にも同様の利益がもたらされる。

実験的な発見が必要なのは、私たちは旅が始まった時点では終着点を知ることができないからである。イノベーションは方向を何度も変え、それが新しい経路の発見につながる（コロンブスもルイス・クラーク探検隊も、探しているものを見つけることはできなかったが、その過程で、大きな発見をしたことを思い出そう）。良い実験は、たとえ前提や仮定が間違っていることが分かったとしても、新しい知識へとつながり、それが変化を生みだす。もちろん、実験に投じられるリソースの量は、成功の可能性と潜在的利益によって決定すべきである。

八．謙虚さ

傲慢さは組織において最も破壊的なものの一つである。社員が自らの限界と他人の貢献に気づかなければ、生産性は損なわれる。傲慢さの破壊性は計り知れないほど大きい。紀元前五九〇年のグレゴリウス大主教は傲慢さを七つの大罪の一つに挙げた。

私たちはみな、私たちの文化における重要な特徴として、謙虚さと知的誠実さを持つ必要がある。価値を創造するためには、常に現実を理解し、それに建設的に向き合い、個人的な向上を高めていかなければならない。

謙虚さを持つということは、自分自身をありのまま理解し、受け入れることを意味する。身構えることなく、他人を批判することなく、自分の過ちを認め、自分の知らないことを認めることが謙虚さを持つということである。知的誠実さは謙虚さを次のレベルに引き上げてくれるものだ。どんなに痛みを伴おうとも、真実に向き合うことが重要だ。知的誠実さは、建設的な批判を心から求めることである。これはサマーセット・モームが人間のよくある傾向として認識したものとは異なる。「人はあなたに批判してくれというが、彼らが本当に欲しいのは称賛だけである」（W・サマーセット・モーム著『人間の絆』より）

自分自身や他人に説明責任を負わせることは、勇気と知的誠実さを必要とする。同僚の仕事ぶりや素行について評価しなければならない不愉快な仕事が回ってきたときは特にそうである。説明責任のない文化は誠実さに欠け、繁栄どころか、生き残ることさえできない。

九．尊敬

企業が長期にわたって成功するには、顧客と顧客が高く評価するものを尊重しなければならない。一〇万人以上の社員を抱え、六四カ国で事業展開する私たちは、あらゆる場所にいる顧客、サプライヤー、コミュニティーを理解し、彼らと良い関係を築くために、多様性を重視する。つまり、違いを尊重するということである。能力、知識、スキル、考え方、経験の多様性を通じて、最大の価値を創造することができる人員を見つけるために、社員は世界中から採用するようにしている。

人種、宗教、性別といったグループ分けによるのではなく、人々を個人の長所に基づいて扱うことは、自由社会の基本であるだけでなく、それは正しいことでもある。同様に、組織は人々をその美徳、才能、貢献度に基づいて個人として扱うべきである。チームワークには、正直さ、尊厳、尊重、思いやりが求められる。人々を高く評価されているという気持ちにさせることは、長期的な良い結果につながる。同僚を邪険に扱えば、彼らは協力してくれないだろうし、腹を割って話もしてくれないだろう。そうなれば、彼らの信頼、知識、貢献は失われる。

正直に評価する勇気を持たなければ、個人にとっても会社にとっても大きな損失につながる。

不誠実な扱いは尊厳を損なうものであり、個人にとって悪い結果を生むため、相手が自分を尊敬しているかどうかを確かめることはできない。批判的な評価が与えられなければ、どうして向上できるだろうか。

マズローが指摘しているように、こうした評価は相手を攻撃したり、相手を拒絶していると思わせないような方法で行わなければならない。評価が建設的なものであるためには、評価する人は、人を尊重し思いやりのある人で、他人を助けようとしていることが証明された人でなければならない。

一〇．達成感

社員が拘束時間の間だけただそこにいるだけで、仕事が終わったら何をしようかと考えているような会社は成功しない。コークでは、夜遅くまでいろいろなアイデアを練るような情熱を持った人材を求めている。能力をフルに生かすことができれば、私たちは他人に対して優れた価値を創造することができ、日々の生活に対する意義を見いだすことができる。

仕事に意義を感じられなければ、最大の価値を創造するという情熱を燃やすことなどできない。自分がやっていることに情熱を感じられなければ、人生は空しいものでしかない。人生の終わりに、「大して何もやらなかったが、なんとか生きてこられた」と言うしかなければ、それは悲劇だ。

これらの基本理念は常識のように思えるかもしれないが、結果を出すためにこれらの理念を日常的に無意識に応用する能力を身に付けるには、これらの理念を常に省みながら実践することが必要だ。ヴォルテールが言ったように、「常識はそれほど常識的ではないのである」（ヴォルテール著『哲学辞典』のなかの言葉）。

コークの基本理念に似た理念を持つ会社は多いが、彼らの理念は会社の文化の基礎になることはあまりない。また、社員を雇用するとき、基本理念を雇用政策の中心に据えるシステマティックなアプローチを取る会社も少ない。だから、理念は口先だけのスローガンや単なる流行語、あるいは壁に飾ったポスターになってしまい、経営者たちは偽善者とみなされる。

コークでは、私たちの理念を共有する人しか雇わない。彼らには私たちの基本理念と彼らの役割を詳細に説明（彼らの指導と教育には多大な時間とリソースを投資する）し、これらの理念に従った行動を取るように明確に伝える。

社員の機会や進歩や報酬は、その社員が私たちの基本理念をどれだけよく再現しているかによって決まる。また、私たちは社員を定期的に評価し、基本理念に一致しない行動を取るような人は解雇する。これは、私たちの文化が基本理念に基づくものでなければならないということを、私たちがいかに真剣に考えているかを示すものである。

ＭＢＭを効果的に応用するには、「結果を重視」することが重要だ。難しいのは、言葉や概念は理解しているが、まだ効果的に使えるまでには至っていないうわべだけの段階を超えさせることである。「有言実行」できない人を昇進させれば、価値を創造する私たちの能力は弱体化し、企業文化を傷つけることになる。チェスプレーヤーと同じように、勝てる戦略が生みだされるような方法で、概念や基本的なルールを適用する必要がある。リーダーに必要なのは、これらの理念を使って、素晴らしい結果を出せるような人材を見極める能力である。

コークのように、明確に体系化された基本理念を持つ会社で働いているかどうかは別にして、リーダーはこれらの理念をしっかり理解して使えることを示すだけでなく、職場の文化においてポジティブな手本となれるような人から選ばなければならない。リーダーは、社員を導くときの基準や彼らがやることの基準を設ける人々だ。つまり、彼らは文化の監視人なのである。したがって、彼らは文化を説明できなければならない。これらを効果的に行うには、リーダーはこれらの理念をしっかり理解し、結果を生むような方法でこれらの理念を用いる必要がある。

社員を指導したり、良い手本がなければ、有用な文化を築くことなどできない。コークでは、良いリーダーは基本理念に従って行動するだけでなく、すべての社員が基本理念に従っているかどうかを定期的にチェックする。どういった企業でも、最も効果的なリーダーは、会話と変化を促すような方法で社員に向上の機会を提供できるように、正直な評価を頻繁に与えられるような人である。彼らは自分自身はもとより、社員、同僚、経営者にも責任を持たせる。

文化とリーダーシップの重要性を示したのが、カリフォルニア大学のラグビーコーチのジャック・クラークである。彼もまた偉大なコーチだ。私の知るかぎり、彼は大学対抗スポーツにおいて長期にわたる最高の記録保持者である。三一年にわたるコーチ生活のなかで、二二回も全国制覇を果たした。私たち同様、彼にとっても文化は最も重要なものなのである。

われわれはチームとして同じ価値観を持っている。私たちが行うあらゆる決定を伝えるのに、その価値観を試金石として使う。チームの運営はすべてこれらの信念に基づいて行われる。われわれには負うべきものは何もないと信じているし、それをありがたく思っている。われわれにとって最も重要なのはチームであり、どの戦略や政策にもこの事実が浸透している。われわれを突き動かすのは、もっと良くなりたい、向上したいという気持ちである。われわれは長所を大事にし、タフであることを褒めたたえる。リーダーシップとはすべての者に対して責任を持つ能力だと思っている。われわれが定義するリーダーシップとは、あなたの周りの人をより良くし、生産性を高めさせる能力のことを言う（ジャック・クラークの著者への手紙。二〇一三年八月七日付）。

才能も大事

社員を選ぶときは、まずは彼らの価値観と信念を重視すべきだが、結果を生みだすだけの才能も持ち合わせていなければならない。美徳の足りない社員は、才能の足りない社員よりも会社に与える損害ははるかに大きいが、必要な才能の欠落した美徳は価値を創造することはできない。

私たちのビジョンを達成するのに必要な才能ある人材を採用するために、私たちは会社の将来的なニーズを予測し、美徳を持っているだけでなく、優れたパフォーマンスを上げられる能力を持つ候補者を探し続ける。

ポジションに空きが出たから雇うのではなく、ポジションに空きがなくても、才能のある人材を見つけたら雇うようにしている。そういった人材は優れた価値を創造する方法を必ず見つけると信じているからだ。したがって、彼らを雇うことはリスクに十分見合う。

私たちの要求を満たすような候補者を見つけるために、すべての社員に外部の人材を紹介してくれるように奨励している。最高の人材がコネによって得られたこともある。さらに、ＭＢＭや私たちの基本理念のことをよく知る人材斡旋会社とも強いパイプを持っている。

ますます高まる人材に対する要求を満たすために、私たちは新卒採用の方法を変更した。インターンシッププログラムを採用することで、採用する前に、履歴書を見るだけでなく、本当の性格をチェックすることもできる。

インターンシッププログラムを通して、インターンと会社は互いをよく知ることができる。インターンには「時間つぶしのつまらない仕事」ではなくて、価値のある仕事をやらせる。これは私たちにとってもインターンにとっても有益なものだ。インターンは、奨学金やほかのプログラムを提供している大学から採用するようにしている。こうすることで、私たちの基本理念に合うインターンを見つけることができる。その結果、コークのインターンのおよそ七〇%が正式採用される。全国平均は五〇%である。

大学を出たばかりの新卒者が私たちの文化を学ぶのは比較的簡単だ。しかし、出世するのに策をろうしたり、細かい官僚的ルールの迷宮を練り歩くことが要求されるような正反対の文化を持つ会社からの転職組は、私たちの文化を学ぶのに苦労する。コークに入って最も苦労するのは、そういった組織で高い地位に就いていた人たちである。

私たちの基本理念に基づいて、古いメンタルモデルから新しいメンタルモデルに切り替えるのはそれほど容易なことではない。そのためには、忍耐力と会社の指導だけではなく、社員が変わりたいと心から思うことが大事だ。しかし、社員がそういった変革を遂げるまで、会社は彼らの知識や才能を十分に生かすことができず、彼らの側もコークで働くことに達成感を感じられない。

人材探しがどんなに困難でも、基準を下げないことが重要だ。正しい候補者を見つけるよりも、間違った人を雇ったほうが、いろいろな意味でコストははるかに高くつく。

価値と才能の結合

候補者や社員が私たちの美徳と才能に対する要求をどれくらい満たすかを評価するために、元々はエンジニアリング会社だったコークではマトリックスを使う。

図3を見てもらいたい。縦軸は望ましい美徳と信念をどれくらい満たすかについての社員個人の主観的判断を示し、横軸はその個人の役割に要求されるスキルと知識についての私たちの評価を示している。

マトリックスの第一象限は社員に対する期待（要求）を示している。任務についてまだ間もない多くの社員は最初は第二象限に属しているが、これは一時的な状態にすぎない。第三象限や第四象限に属する社員は、その社員の問題が理解不足によるもので、行動を修正する気持ちがあることをすぐに示さなければ、私たちはその社員を間違って雇ったので解雇する。

理由はどうであれ、第一象限に属さない社員は、ただちにそこにたどり着くことが要求される。すべての社員と候補者は、ＭＢＭの基本理念に示された価値観と信念に一致する行動を取

図3　美徳と才能のマトリックス

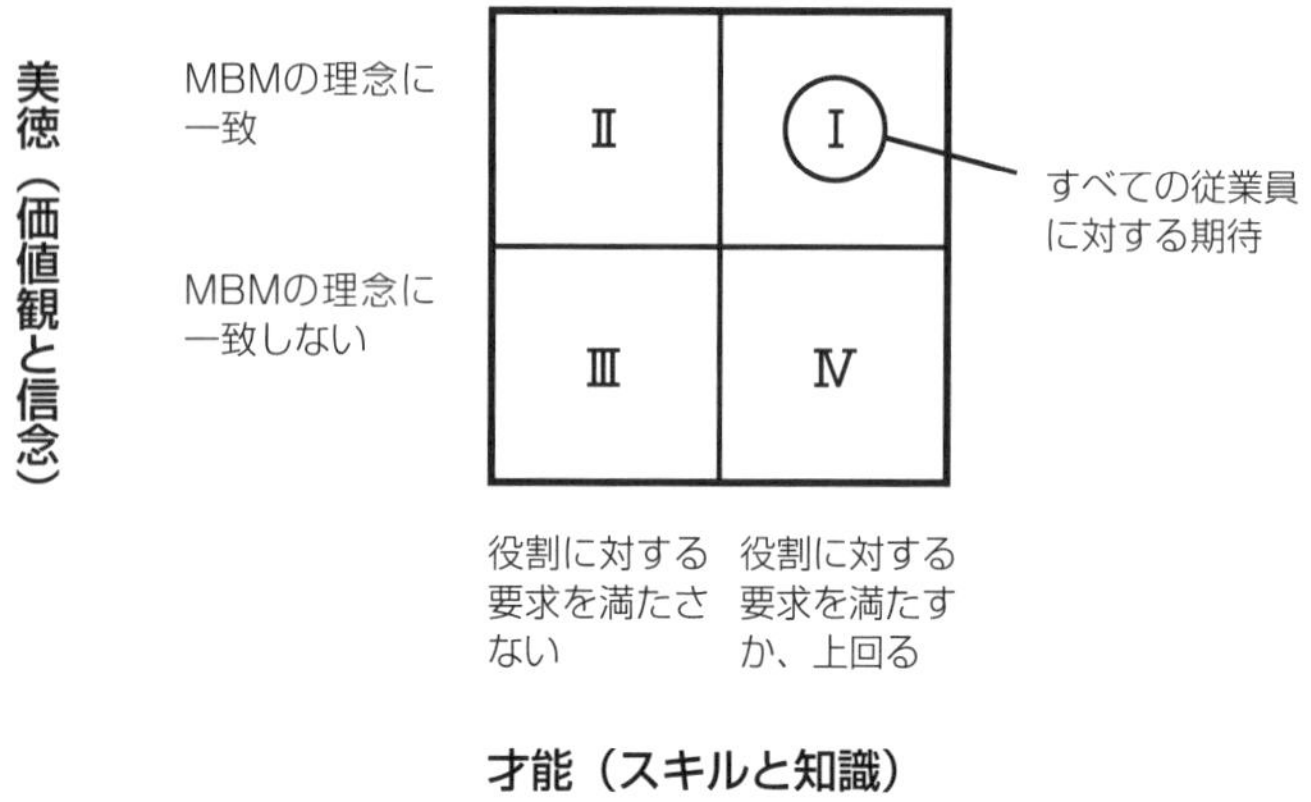

ることが要求される。社員はまた、彼らの役割や責任を満たす、あるいはそれを上回るスキルや知識を構築する能力がなければならない。優れたパフォーマンスを生みだす才能がなければ、優れた能力は存在しない。そこで登場するのがコークの才能マネジメントプロセスである。

合った役割を与える

与えられた職務を果たせるかどうかは、教育や経験によってのみ決まるものではなく、その人の適性や知性にも依存する。ハーバード大学の心理学者であるハワード・ガードナーの多重知能理論に基づく私たちの才能マネジメントプロセスは、それぞれの社員に最も合った役割を決めるのに役立つものだ（ハワード・ガードナー著『リーダーなら、人の心を変えなさい。』〔ランダムハウス講談社」より）。

ガードナーの多重知能理論は、「人間はだれしも八つの知能を持っている。そして、人間はそれぞれに、そのいずれかに優れていたり苦手だったりする」ことを述べたものだ。八つの知能とは、対人的知能、内省的知能、言語・語学知能、論理・数学的知能、視覚・空間的知能、博物学的知能、身体・運動感覚知能、音楽・リズム知能である。

まだ十分に活用されていないこのモデルは、組織にとって極めて重要だ。なぜなら、このモデルを習得すれば、リーダーは比較優位の概念をより効果的に応用することができるからである。特殊なスキルや知識を身に付けることができるかどうかは、個人の知能によって決まる。したがって、社員が個人の適性に合った役割（複数の責任）が割り当てられれば、パフォーマンスは飛躍的に向上する（第9章の「役割・責任・期待」と「意思決定権」を参照）。

マイケル・ジョーダンの例を考えてみよう。彼は最も偉大なバスケットボールプレーヤーの一人としての地位を築いたが、彼はまた野球もしたかった。それはかなわなかったが、彼はバスケットボールの世界に舞い戻り、天賦の才能に合った役割で大成功した。

既存の「ジョブディスクリプション（職務説明書）」は、四角い釘を丸い穴にはめようとしたり、丸い釘を四角い穴にはめようとすることを意味するため、組織のリソースをムダにする。コークでは、個々の社員の天賦の才能が十分に生かされる役割、責任を割り当て、期待する。こうすることで、彼らは顧客や社会に対してより多くの価値を創造することができ、達成感も得ることができる。

長期的な利益を最大化するためには、各社員——長く働いてきた人も新しく採用された人も——は健全な理念に従い、適切なレベル・種類の才能を持ち、自分に最も合った職務に就くことが重要だ。

才能プラン

組織における才能の強度を評価するために私たちが用いるのが、「ABC評価」と呼ばれる才能プランプロセスである。リーダーは各社員の比較優位性、進歩、機会、次の仕事に取りかかる準備ができているかを評価し、パフォーマンスをA、B、Cで評価する。

このプロセスは、ほかの会社が使っているような強制的ランク付けとはまったく異なる。強制的ランク付けとは、例えば、クラスの下位一〇%の学生を、実際にはまずまずの成績を上げていたにもかかわらず不可にする大学教授のように、毎年下位一〇%の社員を解雇することである（大学の物理のテストで四五点を取り、ああ、これでは単位を落とすなぁ、と心配したことを思い出す。しかし、平均点が二〇点台だったので、結果的には相対評価でAをもらった）。

私たちの目標は、社員全員に、互いに競わせることなく、ハイパフォーマーになってもらうことである。どの社員もCを取ることは許されない。しかし、もしCを取った社員がいたら、トレーニングを受けさせる。

A、B、Cの評価は次のガイドラインに沿って行われる。

Aレベル

パフォーマンスと貢献度が、主要な競合他社の同様の役割を持つ人たちのパフォーマンスと貢献度よりも競争優位性を持つ。したがって、長期的な利益に貢献する。パフォーマンスがこのレベルの社員は、業界全体においては上位一五％に含まれる。私たちの会社はAレベルの人材を常に探し求め、いったん雇用したら手放さない。コークはAレベルの人材を常に探している。今後も、こうした競争優位性を持つ人材を見つける能力を高め、いったん雇用したら手放さず、彼らのさらなる向上を促す。

Bレベル

パフォーマンスと貢献度が、主要な競合他社の同様の役割を持つ人たちのパフォーマンスと貢献度と同等。トップ集団には入らないが、上位五〇％には含まれる。Bレベルの人は、さまざまなパフォーマンスにおいて期待を満たすか、上回る。このレベルの社員は会社の成功にとって不可欠。彼らはAレベルの人の影に隠れて生きる補足的なものではないが、さらなる成長と改善が求められる。

Cレベル

パフォーマンスと貢献度が、主要な競合他社の同様の役割を持つ人たちのパフォーマンスと貢献度よりも低いため、会社を競争上不利な立場に置く。このレベルの人は会社の期待に応えることはない。こうした社員は適所ではない職務に配属されている可能性が高い。彼らの比較優位性をもっと生かせる職務であれば、BレベルやAレベルの貢献をする可能性がある。彼らに合った役割を与えても、あるいは彼らが成長しても、パフォーマンスがBレベルにまで上がらなければ解雇する。

ガードナーの理論が示すように、その社員が一定の役割のなかで価値を創造できなくても、ほかの役割りでは価値を創造できるかもしれない。したがって、この評価のあと、ただ単に間違った役割を与えられたがためにパフォーマンスが低いのかどうかを見極める必要がある。かのマイケル・ジョーダンとて、野球をやらせればBレベルかCレベルだったかもしれないが、バスケットボールだったからこそAレベルを達成できたのである。

同様に、一つの会社で価値を創造することができなくても、ほかの会社なら価値を創造することができる場合もある。彼らの才能と美徳により合ったニーズや文化を持つほかの組織であれば、成功する可能性もある。

ＡＢＣ評価の目的は、だれかを持ち上げたり非難することではなく、私たちの会社が長期的に成功するために必要な才能を引きつけ、雇い、進歩させ、適所に据え、雇用を維持することである。したがって、この評価結果を公表することはない。

才能を評価するどんなプロセスを選んだとしても、官僚的で厳格な公式のような形で使うことは避けなければならない。Ａレベルの人材を見つけ、管理者がＣレベルの人を邪険に扱っていないかどうかを検知し、合わない役割を与えられた社員がもっと合った役割を見つけられるように手助けするツールとして使うべきである。組織全体のパフォーマンスが向上するように、リーダーはこのギャップを埋めるべく速やかに行動しなければならない。

もちろん、社員のパフォーマンスは時間とともに変化する。何カ月かすると、あるいは何年かするとパフォーマンスが大幅に向上する社員もいれば、変化する環境やほかの要因にうまく適応できない社員もいるだろう。環境が変われば社員も変わる。したがって、定期的に評価し、過去のパフォーマンスではなく、現在のパフォーマンスに対してＡ、Ｂ、Ｃの評価を与えることが重要だ。この格付けは、彼らが創造できる価値を測る不変の指標ではなく、彼らが今創造している価値を測るものである。

Aレベルの人材をできるだけたくさん引き付けることができれば、会社はさらなる能力と競争優位性を築くことができ、さらなる成長機会をとらえることができ、継続的な成功を手にすることができる。コークでは、才能ある人材がいなかったために、ふいにした機会も多い。今の役割りを果たせるかどうかとは無関係に、優れた価値をもたらすと思える人材をもっと積極的に雇うようにしたいと考えている。

私たちがやっていることは、「厚い人材層」を構築するのとは違う。Aレベルの人は控えにはならない。欠員がないのにAレベルの人を雇うのは、彼らに真の価値を創造する機会を与えたいからである。機会をとらえる人の数よりも、常に多くの機会が存在する。つまり、才能ある人材を常に補充することはリスクに見合うのである。

パフォーマンスの向上

パフォーマンスが改善されなければ（パフォーマンスの悪い人――特に、リーダー――を今の役割にとどめておくことを含む）、組織は必ず機能不全に陥る。パフォーマンスマネジメントプロセスを効果的に行うには、これらの問題を解決する必要がある。監督者は、評価は与えるが、その社員にパフォーマンス不足を認識させ、それにきちんと向き合わせることをやらないで、そのふりだけすることはできない。

監督者は社員と不愉快な会話をすることを避けたがる傾向があるが、こうした傾向をなくすには、社員がパフォーマンスを改善するのを手助けするような評価をしなければならない。評価は、一般的であいまいでなぐさめるようなものではなく、単刀直入で具体的で正直でなければならない。評価は、自己評価とその社員と密に働いてきた人たちからの三六〇度のフィードバックを基にした事実に基づくものでなければならない。このアプローチは、一般に広く使われている管理しやすい型にはまった格付けよりも、はるかに効果的だと私たちは思っている。

コークが社員に与えるフィードバックは次の三点である。①特に貢献した部分、②その社員の長所、③改善すべき点。会社に貢献した具体例を挙げることで、これまで以上に貢献することを促す。長所を伝えることで、その社員の役割が比較優位性にフィットしていることを知らせる。

この質的アプローチを成功させるには、監督者は、その社員の長所と改善すべき点をはっきり示す必要がある。その社員が期待に応えていない場合は特にそうである。社員が向上するためには、監督者はその社員に何を改善すべきかをはっきり伝える勇気を持たなければならない。

一方、社員は正直なフィードバックを心をオープンにして受け入れなければならない（雇用されたばかりの人たちは、パフォーマンスの向上につながる忌憚のないフィードバックを与えられたのは初めてだとよく言う。これはちょっときついことかもしれないが、非常に役立つことだ）。

このプロセスは、社員と監督者の双方にパフォーマンスの向上に集中的に取り組ませるものだ。私たちはだれしも——ＣＥＯでも——改善の余地があることを忘れてはならない。二〇一五年二月に行われた私に対するパフォーマンス評価から、改善例をいくつか挙げてみよう。

●リスクテイキングにおいては、はっきりしないメッセージを与えることは避ける
●情報要求されたときには、必ずフィードバックを与える
●分析は精度よりも正確度に重点を置く

私に対する年に一回のパフォーマンス評価は非常に建設的なものだと思っている。ＣＥＯはほかの社員同様に、心をオープンにして正直なフィードバックを受け入れなければならない。厳しいフィードバックによって少しだけ自尊心が傷つくほうがよいだろうか。それとも大きな失敗によって大きく傷つくほうがよいだろうか。

キャリアの向上

コークの社員はＭＢＭ哲学に従って、理念を持った起業家のように考え、行動し、キャリア

を自分のものにすることが求められる。キャリアに対する野心を共有し、現実的なキャリア目標を達成するためには、フィードバックを進んで受け入れなければならない。これによって、どのレベルの監督者にも重要な知識が与えられ、会社が人材プールを最適化するのに役立つ。

社員はそれぞれの能力を高めることで、会社に大きく貢献することができ、仕事に対する達成感も得られ、最大の能力を引き出すことができる。中央集権型のカリキュラムや厳格なキャリアパス（個人のニーズや能力や好みが反映されない）を使うのではなくて、私たちは社員に社内における市場を提供し、彼らの適性や興味に基づいて、どうすれば会社に対して最大の貢献ができるかが反映されるキャリアを選ぶことができるようにしている。

監督者は、人事からの支持を得ながらこの向上プロセスを手助けすることが求められる。そのためには、パフォーマンスギャップを見つけたら、フィードバックを提供し、指導し、今の役割からもっと合った役割に変更し、社員が新しい役割になじむように支えていかなければならない。監督者は、それぞれのチームにおける個々の社員のキャリアの向上と、社員の進歩を最大化し、人材の囲い込みをなくす文化を維持する責任がある。そのためには、監督者は社員にコークにおけるほかの場所での機会を提供しなければならない。でなければ、人材プールは最適化されず、士気は下がり、高い可能性を持った社員を失うことになる。

社員は、キャリアを積むには、昇進や役割の変更が必要だと感じることがあるが、次の動きを気にするよりも価値創造に集中できるように、こういったものは不要になるようにしたいと思っている。

監督者が社員に仕事に懸命に打ち込ませ、スキルが向上するように努力させれば、責任感や会社に対する貢献度は高まり、報酬も増える。社員が昇進や肩書やあらかじめ決められた進路を気にすることなく、会社に対する貢献度を最大化することができれば、社員のパフォーマンスは大きく向上する。

どんな会社でも、社員の進歩を手助けする最も効果的な方法は、オンザジョブで指導することである。公式な教育は社員に基本的な知識を与えることができる。私たちの教育は、コンプライアンス、倫理、MBMの概念とツールを重視する（第4章で述べた私たちのMBMケイパビリティーは、社員を論理的で実践的にすることに長けている）。しかし、教育は指導者の指導を受けた仕事経験に代わるものではない。したがって、私たちは教育よりも監督者と社員の関係をより重んじている。

各社員の効果的な向上は、その社員にとって役立つばかりではなく、会社にとっても役立つ。社員は成長し、仕事で達成感を得ることができる。一方、会社は長期的な成功のための基本的な要件――生産性の高い社員を向上させ、会社に残留させ、モティベーションを与える――を満たすことができる。

クラークコーチに本書で引用する許可を得るために接触したとき、彼は愛想よく同意してくれた。彼の返事は次のようなものだった。「私たちの価値観にとって重要なのは、すべてのものに感謝し、何物に対する権限も持たないという考え方なのです」（ジャック・クラークから著者への手紙。二〇一五年二月一七日付）

古い言葉に「良い人々は会社の最も貴重なリソースである」というものがあるが、まさにそのとおりである。彼らはまた良い利益にとっても不可欠なものだ。ジャック・クラークのすべてのものに感謝し、何物に対する権限も持たないという言葉にはうなずくばかりである。私たちの会社の良い人々には特に感謝したい。

第8章　知識プロセス――結果を出すために情報を使う

「真実を味方に付けたいと願うことと、真実の側にいたいと願うこととは違う」

――リチャード・ホエートリー（リチャード・ホエートリー著『エッセイズ・オン・サム・オブ・ザ・ディフィカルティーズ・イン・ザ・ライティングス・オブ・セントポール・アンド・イン・アザー・パーツ・オブ・ザ・ニュー・テスタメント［Essays on Some of the Difficulties in the Writings of St.Paul, and in Other Parts of the New Testament］』［一八三〇年］より）

私たち兄弟と私には、どの兄弟にも起こってほしくないと願う共通点がある。それは前立腺ガンにならないことである。デビッドのガンは深刻だった。

一九九二年にガンが発見されたとき、それはすでにかなり進行していた。手術のあと、ムダな放射線治療を受け、そのあと五六歳で初めて結婚し、妻のジュリアとの間に三人の子供をもうけた。しかし、ガンは再発し、どんな治療ももはやガンを治すことはできなかった。今までホルモン治療でガンを寄せ付けないように努力してきたというのに。しかし、できるだけ最高の情報源から、多くの情報をできるだけ素早く仕入れることに奔走した結果、デビッドは二年以上も生き延びることができた。

父は予言するかのように、逆境とは神が隠れ蓑を着て恵みを与えてくれることである、と言った。治療法が不足していることを診断と経験から知り得たデビッドは、人々のために、ガンの研究に率先して資金を提供した。彼がガンの治療を受けたことでもたらされた最大の贈り物の一つは、ＭＩＴ（マサチューセッツ工科大学）に研究所が設立されたことである。研究所の使命は、「ガンに対する新しい洞察力を向上させるだけでなく、ガンの治療、診断、予防を向上させる新しいツールと技術を開発する」ことだった。エンジニアの心を持って生まれたデビッドが、この最悪の病気と闘うための最高のツールと技術の開発に深い関心があったのは当然だ。

この研究所の研究スペースと共有エリアはエンジニアと科学者の交流を促し、コラボレーションの文化を育むように設計された。異なる学問分野の交流を図るために、研究所には生物学者、化学者だけでなく、コンピューターサイエンティスト、臨床医、生命科学、理化学、機械科学、材質科学のエンジニアたちも迎え入れられた。こうしてできたのが、ＭＩＴデビッド・Ｈ・コーク総合ガン研究センター――コーク研究所――である。その研究所の組織作りの基本理念が、良い利益を生むのに必要な五つの要素の一つである知識プロセスの手本になっているのではないかと思っている。

　知識プロセスは、コーク研究所のように、発見を自発的に共有することで参加者にイノベーションを促す構造と文化から生まれたものである。本章では、知識の共有によって革新的組織を構築する方法について見ていきたいと思う。

知識の自発的な共有

　コーク研究所では、ガンを制御するための迅速な進歩にとって重要な五つのプログラムを中心に研究が進められている。五つのプログラムとは、①ナノテクノロジーによるガン治療の開発、②ガン発見とモニタリングのための斬新なデバイスの開発、③ガン転移の分子レベルおよび細胞レベルでの研究、④それぞれのガンに関連するガン経路と薬物耐性のシステマティックな分析によるオーダーメイド医療の進展、⑤ガンと闘うための免疫系の操作――である。

　これまでは独立したものと考えられていたこれらの各分野におけるテクノロジー、規律、アプローチの融合によって、数々の新しい機会が生まれた。エンジニアリング、物理科学、生命科学を融合することで、コーク研究所はガンの恐ろしい障害を克服するうえでの画期的な突破口を見つけたいと考えているのである。

　目的がガンの治療であれ、小さくて高速のスマートフォンの開発であれ、ナイロンを作るもっと効率的で環境に優しい方法を開発することであれ、破壊的イノベーションには知識の創造、取得、共有、適用が不可欠である。そのためのメソッドをコークでは知識プロセスと呼んでいる。知識プロセスには、世界中の至るところにおける開発についてすぐに私たちに知らせるメカニズムや、私たちのビジョンの改善方法と進歩の記録方法について、最良の情報と発見に基づいて私たちにフィードバックする手段が含まれる。

この研究所の落成式にリズと私とジュリアとデビッドで訪れたとき、デビッドはセレモニーの間中泣きっぱなしだった。私が感動したのは、研究所の生物学者とエンジニアたちがどんな難しい問題に対してもおそらくは最も効果的と思われる手法を使っていたことだ。それはポランニーの「リパブリック・オブ・サイエンス」である。広く読まれているこの本を私は事務用キャビネットに保管している。

この本のなかには、哲学者に転身した化学の教授が、「未知の未来」に向かって努力する「探検家の社会」を思い描くというくだりがある。今ではマサチューセッツ州ケンブリッジにあるこの研究センターは、このビジョンを人間の生命の尊厳という形で具体化したものである。知性と熱意にあふれ、目立ったビルのなかにあるこの場所は、私の弟によって実現した。

ポランニーのビジョンに倣って設立されたコーク研究所は、科学、ビジネス、スポーツ、芸術や、そのほかの探求であれ、エクセレンスを求める人々は、一種の知識プロセスであるこのアプローチに自然に引き寄せられることを私に再確認させてくれるものである。

コーク研究所がオープンしたとき、スーザン・ホックフィールドMIT学長は次のように述べた。「私たちは最高の科学者とエンジニアをここに集結させました。彼らははるか遠くの未知のゴールに向かって今歩き始めました。彼らの研究はその自主性に任せますが、彼らの集団的知性と洞察力の飛躍は、この優秀な彼らの一人ひとりが個人で達成できるものを上回ることを私たちは確信しています」（スーザン・ホックフィールドから著者へのｅメール。二〇一一年三月七日付）

この言葉にはおそらくはポランニーもうなずいてくれるだろう。科学者共同体は革新的だ。なぜなら、それは「規律の枠組みを提供し、同時に、規律に対する反乱を奨励する」からである、とポランニーは書いている（これは私の青年期をよく言い表す言葉であり、私が科学に引かれた理由の一つでもある）。科学者共同体は「細分化の破壊を促すために、一般的な科学の教えの重要性を強く主張している」のである。

コーク研究所は、共有された知識を通じて個人のイニシアチブを互いに調整するというポランニーの自主的秩序に不思議なほど一致する。ガンの問題をパズルとするならば、ポランニーによる次の一節はガンの治療法を見つけるための説明と読むことができる。

非常に大きなジグゾーパズルのピースが与えられたとしよう。この大きなパズルはできるだけ短時間で組み立てなければならない。当然ながら、私たちはアシスタントを雇って速く組み立てようとするだろう。問題は、アシスタントをどういった方法で雇うのがベストかである。アシスタントが協力し合い、一人ができることを大きくしのぐ唯一の方法は、彼ら全員にそれぞれ好きなように自由にピースを組み立てさせることである。一人のアシスタントが一つのピースをはめるたびに、みんなはすぐに次のステップに目を配る。このシステムでは、各アシスタントは他人が直前にはめたピースを見ながら、自分の意志で行動するため、彼らの共同プロジェクトは大幅に加速され、パズルの完成が早まる。これは一言で言えば、連続する各ステージで、同じような行動を取るほかのすべての人によって作られる状況に互いに適応することで、独立した一連の自主性がまとまり、みんなで連携して一つのことを成し遂げる方法だ（ポランニー著『リパブリック・オブ・サイエンス』より）。

文化——最先端の研究センターの文化だろうと、多国籍企業の文化だろうと、新興企業の文化だろうと——が発見に貢献する自主的秩序を生むには、文化は常に新しい知識を探し求め、育み、実践しなければならない。しかし、すべての組織がこうした立派な素養を持っているわけではない。市場ベースの経営（ＭＢＭ）では、美徳と才能の要素が知識プロセスの要素と相互依存関係にあるのはこのためである。なぜなら、いずれにおいても進んで協力するような人が必要だからである（もちろん五つの要素はすべて相互依存関係にある。これらを全体的に適用するとき、相互依存関係が重要になる)。

この結果生まれる文化は、労働者が闇雲に進撃命令に従うような文化とは対極をなすものである。私たちは社員に命令するのではなく、環境とツールボックスを与える。各社員は上司とともに役割と責任を決め、どういったことが期待されているのかを理解する。アイデアは奨励されるが、異議を申し立てられることもある。しかし、否定的に非難されることはない。価値創造を育むコミュニケーションには建設的な意見の相違が必要なのである。

創造性を最大化したい人は、孤立することなく、コーク研究所の人々のようにアイデアを共有し、異なる学問分野にまたがるチームの一員として働かなければならない。そしてリーダーは、彼らがそれを行う十分なリソースと時間を与えなければならない。また、彼らはあまり重要ではない仕事の機会費用を認識して、時間を作ることも大切だ。フルタイムのAレベルの人に困難な問題に取り組ませることは、成功するイノベーションにとってのカギとなる。

インビスタは二〇〇四年には、技術的な問題が障害となって、ナイロン製造のカギとなる原料の新しいプロセスの正式な開発プランをすでに断念していた。しかし、私たちがインビスタを買収したあと、研究チームのリーダーをサポートして、チームにプロセスの開発を続行させた。

そして二年後、彼らはゲームの流れを変える革新的な打開策を見いだした。リーダーはただちにラボ試験と試験的プログラムの許可を取り付けた。新しいバイオテクノロジーの能力を一から構築するには、テクノロジーを「紙から試験」へと引き上げる彼の強力な才能が必要だった。そこで彼は役割りを切り替えて、英国に世界クラスのバイオテクノロジーセンターを設立した。このセンターはまたもや短期間で画期的な業績を上げた。

新しいナイロンプロセスを実験ステージから商業化へと進めるには、別のAレベルの研究開発リーダーが必要だった。そこで、製造とビジネス経験を持つ、インビスタの才能ある別の科学者が何カ月にもわたってチームを率いて、理論検証を行った。これらのリーダーはプロジェクトを頓挫させる可能性のある問題を克服し、飛躍的な躍進を遂げ、二〇一四年、インビスタのオレンジ（テキサス州）工場で新しいテクノロジーを商業化することに成功した。このプロセスは私たちの期待を大幅に上回る成果を上げた。Aレベルのパフォーマーを知識の創造に責任を持つリーダーの役割につかせることの重要性が、この例でも示された。

外部ネットワーク

Aレベルのパフォーマーがコークの内部をあちこちに移動しながら知識の共有を促進する姿は、父の故郷のネーデルラントからの探検家たちを彷彿させた。一七世紀のオランダ人は世界中に貿易船を派遣した。そのルートはオランダ領東インドのジャカルタから西インド諸島のアルバまで、実に二万キロに及んだ。

この貿易から得られた知識が刺激剤となって発生したイノベーション――例えば、船や風車の設計の向上や開墾技術の発達――によってオランダ経済が刺激され、市民の生活は経済的にも文化的にも変わった（レンブラントとフェルメールはこうした環境のなかで大成し、オランダはデカルトやロックなどの革新的な思想家や、ユグノーやプリマス植民地の移住者たちにとっての避難所になった）。

これから得られる教訓は、社会は、知識が豊富で、安価に入手でき、今日的な意味を帯びるときに最も繁栄するということである。こうした状況は言論の自由と結社の自由、そして互いの利益に基づく貿易によってもたらされる。人々は、商業的かどうかは別にして、物を交換する。なぜなら、その取引によって幸福度が高まることを期待するからである。しかし、たとえ交換が利益にならないことが分かっても、貴重な知識は提供することができる。私たちが成功よりも失敗からより多くを学ぶことができるのと同じである。組織（小さな社会）で知識の共有によって利益を得たければ、オランダのように相互のやりとりをもっと促進しなければならない。

社員たちがどんなに優秀でも、世界の急激なイノベーションや発展に内部リソースだけで対応できる会社はない。世界規模の発展や脅威や機会をいち早くとらえるためには、会社は効果的な外部ネットワークを構築し、テクノロジー、手法、市場、政治、戦略、人々の価値観の変化を監視することが重要だ。

これらのネットワークには、貿易相手国、顧客、サプライヤー、元社員、スペシャリスト、大学、技術開発者、コンサルタントなどが含まれる。彼らと良い関係を築き、連絡を取り合うことはビジョン、戦略、優先権を創造し、ビジネスに影響を及ぼす発展を予測し理解するうえで不可欠である。

これらのネットワークを通じて、優れた価値に貢献することができるイノベーション、買収、プロジェクトを見つけ、評価し、そのチャンスをつかむことも可能になる。私たちの成功にとってMBMは極めて重要だ。したがって、コークは同等の文化を持つ買収候補を見つけるのにこれらのネットワークを使う。買収が私たちの文化にフィットすることは、買収相手の能力が私たちの能力にフィットするのと同じくらい重要だが、合うものを見つけるのは常に簡単というわけではない。

私たちの哲学、能力、戦略、関心分野を理解してくれる知識ネットワークを構築するのには何年もかかった。ネットワークの成員に私たちが最良の機会を見つけることができるように手助けしてくれるのを促すのにも何年もかかった。私たちはアドバイザーに彼らが私たちのために創造する価値に基づいてお金を支払う。したがって、彼らの利害は私たちの利害に一致する。

私たちのネットワークは、私たちが新たなビジネスを始め、新たな能力を身に付けるたびに、拡大し多様化してきた。例えば、一九九〇年代の終わりまでは、バイオ燃料ビジネスは私たちにとっては魅力的には映らなかった。なぜなら、このビジネスは政府の援助がなければ経済的に成り立たなかったからだ（政治的手段によって生みだされる悪い利益には私たちは興味はない）。しかし、原油価格が上昇し、穀物加工の有望なイノベーションが生まれると、方程式は変わった。エタノールは、私たちが反対する助成金や政府補助がなくても、私たちにとって利益の出るビジネスになることが分かったのである。

従来のエタノール工場は恐ろしいほど非効率的で、原料のわずか三三％しか価値の高い製品に変換することができなかった。効率的な原油精製の変換率の九六％と比較してみてほしい。エタノール工場の非効率性を大幅に減少できるかどうかを評価するために、フリント・ヒルズ・リソーシズは発明家、動物飼料コンサルタント、装置サプライヤーを含む新たな知識ネットワークを構築し、エタノール工場の効率化は可能だと私たちを説得した。今、フリント・ヒルズの工場はより効率的な生物精製所へと生まれ変わろうとしている。

フリント・ヒルズのエタノール工場でこれまで行われた改善や今進行中の改善は、もっと高価値の用途に使われるトウモロコシ油とタンパク質への品質改善である。これらの改善と市場状態の好転を受けて、フリント・ヒルズは複数のエタノール工場を買収した。フリント・ヒルズは今では米国で五番目に大きなエタノール工場になり、年間生産高は八億二〇〇〇万ガロンを超える。

フリント・ヒルズのエタノール工場の買収は、コーク・サプライ・アンド・トレーディング（ＫＳ＆Ｔ）がエタノールの貿易や流通機会を調査するのに役立った。私たちの貿易ベースのビジネスにとってネットワークはより一層重要性を増す。コーク・サプライ・アンド・トレーディングの並外れた世界規模の知識源と関係を、その優れた分析能力やフリント・ヒルズのリソース基盤と組み合わせることで、コーク・サプライ・アンド・トレーディングは（フリント・ヒルズとのパートナーシップの下）エタノールの貿易ビジネスを成功させることができた。

コーク・サプライ・アンド・トレーディングがその機会をとらえることができたのは、業界の流通問題に気づいたからである。流通には、断片化、鉄道への依存、パイプラインを使うことができない、リスク回避的な参加者といったさまざまな問題があった。コーク・サプライ・アンド・トレーディングはただ資金を提供するだけではなく、情報収集とリスクの吸収という役割を果たすべきだと考えたのである。これによって、業界の効率性は大幅に向上した。

またコーク・サプライ・アンド・トレーディングは輸送及び流通のパートナーシップを組んだ。これによって、有利なアクセス、スケール、選択肢に基づく最良のソリューションが可能になった。これを成功させるためのカギは、どの当事者も利益を得ることができるように共通のインセンティブを持つことだった（第10章を参照）。

いったんネットワークが確立すると、絶えず改善する必要がある。私たちは、ネットワークの有効性を向上させるうえで役立ついくつかのメカニズムを発見した。

一つは、知識を共有することでウィン・ウィンの関係を築くことができることを認識させることである。リーダーは彼らのチームに知識の価値と、どの情報を第三者と共有すべきか・すべきでないかを理解させなければならない。貿易に関する企業独自の洞察と知的所有権――例えば、企業秘密やビジネス戦略の詳細――は外部と共有すべきではない知識の部類に入る。

コンサルタント

「かくれんぼをして週に一〇〇〇ドル」――これは一九八〇年代に大きな転換期を迎えていたパインベンド石油精製所で働いていた契約社員の合言葉だった。給料はもらうが、できるだけ働かない。これが彼らの姿勢だった（今では「週に数千ドル」になっている）。何と腹立たしいことだろう。しかも、高くつく。これは、その規模のプロジェクトを指導・監督する十分な管理体制ができていなかったためである。コンサルタントを雇うときも同じような問題に直面する。

大学を出てすぐにコンサルタント会社で働いた経験のある私は、コンサルタントは顧客、競合他社、ベンチマーク、破壊的テクノロジー、トレンド、公共部門の変化に関する会社の情報を向上させるための貴重な存在であることを知っている。コンサルタントのインセンティブが一致し、手数料を最大化するのではなくて、あなたの利益を最大化するように動機づけられれば、そういった良いコンサルタントは重大な価値を会社にもたらしてくれる。

しかし、コンサルタントの使い方を一歩間違えれば、お金がかかるだけで、重要な情報を外に漏らすおそれもある。彼らを正しく使うには、正しい知識と価値観を持つコンサルタントのみを選ばなければならない。業務を明確に定義する、進歩を測る適切な指標を持っている、厳しい監視の目を持っている、インセンティブが会社と一致することを常に確認する。こうした価値観を持つ人のみを選ぶ必要がある。

大企業はコンサルタントに頼りっきりになってしまうことが多い。こうなると、莫大な費用がかかるうえ、会社の内部能力の強化は損なわれてしまう。ある会社が、戦略プランニングのヘッドに、年間二〇億ドルに上るコンサルタント費用を低減するという仕事を任命した。あとで分かったことだが、コンサルタント会社はその会社のあらゆる部分に深くかかわっていたため、彼らがいなければ意思決定さえできない状態だった。あらゆる調査をした結果、別の調査が必要ということになった。しかし、コンサルタント費用がわずか一年で七五％削減できたとき、会社はそれほど驚きはしなかった。

私たちがジョージア・パシフィックを買収したとき、この会社は、鋭い見識を持ち、印象的な報告書を作成するコンサルタントに何千万ドルものお金を支払っていた。しかし、これらの報告書から効果的な行動が生まれることはなかった。私たちはジョージア・パシフィックのコンサルタント費用を八〇％以上削減し、彼らの代わりに新しい社員を雇った（必要な価値観、スキル、知識を持っているコンサルタントは数人残した）。これによって独自の有用な知識が増え、はるかに安いコストで利益の出る行動が生まれた。

情報を結果に変える

知識は有効に使って良い結果を出すための情報である。しかし、ただ情報を収集して共有するだけでは、利益の出る結果にはつながらない。情報を得るには、情報の供給者や受け取り手の双方にとって時間がかかり、コストもかかる。したがって、持っていても良い結果につながらない情報を提供することで、時間をムダにしてはならない（これの最も代表的な例が会議である。会議は、参加者の創造する価値が機会費用を上回るようなものでなければならない）。

これは情報技術（ＩＴ）にも言えることである。なぜなら、ＩＴはほかの重要な情報を覆い隠すために使われることもあるからである。こうした警告はさておき、ＩＴは知識を収集して共有することを可能にし、洞察力や能力の利用を向上させるという意味で、私たちの成長において極めて重要な役割を果たしてきたのは確かである。一九七〇年代から一〇年ごとに技術革新が進んだ。一九七〇年代にはファクスマシンが登場し、一九八〇年にはボイスメール、一九九〇年代にはｅメール、二〇〇〇年にはサーチエンジンが開発され、今私たちが使っているクラウドやデータ分析ツールへとつながっていった。

私たちのトレーディングビジネスでは、テクノロジーによってヒストリカルデータがトレード用のさまざまなツールにリアルタイムで自動的に送信されるため、トレーダーは変化する市場状態を素早く察知し、対応することができる。

また私たちの工場では、環境や安全の検査結果がオンラインシステムに瞬時に入力され、担当部署に伝えられ、追跡調査やパターン認識が可能になった。

私たちの人事部では、リンクトインやフェースブックなどのソーシャルネットワークや、私たちの欠員に応募してこなかった候補者さえ見つけることができる新しいシステムによって新人を発掘してきた。

ビジネス開発においては、オンライン専用ライブラリーが広大な業界データとプロジェクトやビジネスの内部評価を一覧表にして、作業の重複を避け、重要な分析や過去の作業からの成果を記録する。

サーチ技術やネットワーク技術を活用することで、何千人という社員や第三者に低コストで素早くアクセスでき、機会に対する私たちの考えを伝えることができる。

グローバルなエンジニアリング分析システムと製品のライフサイクルシステムによって、世界中のエンジニアリングチームと製造チームの協業が拡大し、文字どおり一日二四時間、週七日の製品設計が可能になった。さらに、製造の実行・計画システムによって、作業工程をリアルタイムで見ることが可能になり、スケジュールを瞬時に調整したり、顧客やサプライヤーの変更にも機敏に対応することができるようになった。

ＩＴの絶え間ない進歩の幅、深さ、パワーは圧倒的である。だれもがいつでもどこからでもアクセスできる手ごろな価格の無線通信、無限とも思えるストレージ、向上したハンドヘルドデバイスの性能、大量のデータの処理パワーから得られる洞察力によってイノベーションが生まれ、このイノベーションによって私たちのビジネスのやり方と競争力は根本的に変わった。このテクノロジーは正しく使えば、情報の取得、保存、分配の速度の向上とコストの削減によって、知識プロセスは向上する。

一つには、セールスフォース・ドット・コム（SalesForce.com）やＳＡＰのような大手プラットフォームプロバイダーがオープンアーキテクチャを採用することで、新たなビジネスプロセスアプリの世界で革命が生まれている。これは私たちの作業能率、販売、マーケティングに破壊的な変化をもたらしている。こうしたイノベーションを有効利用するために、私たちは情報技術のもっと斬新な使い方を含むようにビジョンを見直すように各社に働きかけている。

これの最も代表的な例がジョージア・パシフィックの業務用ティッシュペーパービジネスである。ジョージア・パシフィックは販売代理店やエンドユーザーとの作業効率を高めるために、新たなコミュニケーション技術を使っている。その結果、販売代理店との連携の向上、エンドユーザーの獲得能力の向上、訪問販売コストの削減といった効果が生まれている。

また、ジョージア・パシフィックの消費者製品ビジネスは、ｅコマースを通じて消費者への直接配送を実験中だ。これによって売り上げの大きな増加が見込めると思われる。どちらのビジネスも、情報の分散化コストを低減し、情報を知識に変えるのに役立つデジタルメディアと高度分析ツールを使って、顧客とエンドユーザーに対してもっと多くの価値を創造しようと試みている。

　この新しいテクノロジーの革新的な使い方のもう一つの例は、モノのインターネット化である。私たちのすべての会社がモノのインターネット化を重視している。モノのインターネット化によって、私たちの会社やコーク内のつながりだけでなく、グローバルサプライチェーンのつながりも強化される。例えば、ジョージア・パシフィックの「未来のトイレ」などの実験がそうである。私たちのすべての会社は、インターネットを使って製造工場の安全性と信頼性を高めている。

　会社が情報技術を使って変革するためにはいくつかの条件が必要だ。

●社内のＩＴグループではなく、ビジネスリーダーが変革のビジョンと戦略を持ち、変革を推進する。ＩＴ企業は、最先端ではあるが利益を生まないようなシステムを勧めてくる傾向がある。ビジネスリーダーは、利益の出ないシステムを勧められても、それを断るだけのテクノロジーに対する十分な理解が必要だ。
●実践で利益を生むようなテクノロジーを推奨する能力を持ったＩＴ組織を作る。つまり、知識、価値観、インセンティブが会社のそれと一致するような人々で構成された組織を作る。ＩＴ組織は、プロジェクト管理、テクニカルアーキテクチャとプロセスアーキテクチャの構築、データ管理、安全管理能力を持たなければならない。

●会社のガイドラインに沿って、テクノロジーの進歩を評価し、テクノロジーを素早く習得することを可能にするイノベーションプロセスを作る。
●新しいテクノロジーを十分に活用することができるように、企業組織全体を再編成・再教育する。

情報技術をフルに活用するようになると、懸念されるのがサイバーアタックである。二〇一一年、ジョージア・パシフィックの消費者向けティッシュペーパービジネスは「DoS」攻撃を受けた。悪意のある者が同社のウェブサイトに大量のデータを送信したため、ウェブサイトはシャットダウンし、顧客やユーザーがアクセス不可能な状態に陥ってしまったのである。破壊性を増すこうした攻撃によって、私たちはITの安全性に対するアプローチを変えざるを得なくなった。こうした脅威に効果的に対処するには知識を増やすしかないことを私たちは認識した。

最も貴重なアドバイスをくれたのは、お金を払って雇っているコンサルタントではなく、同じような攻撃にさらされたことのあるほかの企業だった。これは、知識の共有は互いの利益になることの証しになった。ほとんどの会社はその会社だけでは、ハッカーが使うツールやテクノロジーの急激な進歩にはついていけない。私たちは今、業界、教育関係、非営利団体のパートナーと協力し合って見識を共有している。その結果、貴重な知識が得られるようになった。

指標

「なぜ」利益を生むのかを知ることは、「何が」利益を生むのかを知るのと同じくらい重要だ。したがって、企業は利益を伸ばすものが何なのかを理解するための指標を開発する必要がある。価格や損益は、人々が何を高く評価しているのかや、これらの価値観を満足させるための最高の手法やリソースが何なのかを教えてくれる。価格や損益は、私たちが会社として正しいことをしているかどうかを示す重要な指標でもある。

価格が自動的に調整される真の市場経済では、損益は、企業が社会に対して生みだす価値を測る市場の客観的な指標である。成功するためには、企業は損益を測る指標を開発するだけでなく、損益を生みだす源泉を見極めて、何が付加価値を与えるのか、何が与えないのか、それはなぜなのかを理解する必要がある。こうした知識はその会社のビジョンや戦略に活気を与え、イノベーションを生みだし、ムダを省く機会を与え、継続的な進歩に導いてくれるものである。

できれば、どの会社も各社員、活動、リソースがその会社と社会の幸福の長期的な価値に対して、どれくらい貢献しているのかを測定すべきである。残念ながら、活動が長期的に生みだす利益は測定不可能で、未来は未知なので、こうした測定は正確に、あるいは高い精度を持って行うことはできない。したがって、その会社が入手可能な機会、能力、リソースとそれに伴うリスクを考慮しながら、おおよその数値をはじきだすしかない。

第4章で述べたように、コンサルタントの機会費用を考えた場合、その金でビルの管理人や掃除作業員を雇ったほうが効率的だ。すべての機会とその代替になるものを徹底的に調査することが重要なのはそのためだ。リスク・時間調整後の利益に基づいて優先順位を決めれば、ムダは省ける。利益の出る活動を行ったとしても、その活動よりもほかの活動をやったほうがもっと利益になった場合、行った活動はムダということになる。しかし、こうした計算は、機会費用の知識がなければできない。

直観に反しているように思えるかもしれないが、機会費用を考慮することで、利益の出る付加価値を与える活動を「排除」し、それよりももっと価値の高い機会をとらえることができるので「あれば」、そうすることで利益を増大させることができる。そのビジネスと直接的には無関係の資産でも、損益やROC（資本利益率）は測定すべきである。こうすることで、その資産を保有していることがその資産の最も効果的な使い方であるということが分かってくる。

ジョージア・パシフィックを買収したあと、この問題に直面した。ジョージア・パシフィックが上場企業だったころ、同社はバミューダ諸島に自社専用保険会社を保有しており、その維持費として現金で二億七五〇〇万ドル必要だった。しかし、コークがジョージア・パシフィックを買収したあと、MBMの下でその安全パフォーマンスは向上し、ROCは一桁にまで減少した（良い問題）。社員の賠償請求に必要な保険は大幅に減少し、保険プールはほかの会社に比べると大きく向上した。その保険会社を維持するための機会費用が非常に高くなったので、私たちはその保険会社を手放すことにした。これは慎重な測定とベンチマーキングの成果である。

しかし注意しなければならないのは、測定が有用なのは、測定することが利益の出る活動につながる場合のみであることである。測定が簡単だからと、何でもかんでも測定する傾向があるが、たとえ測定が難しくても重要なものは測定する必要がある。アインシュタインは次のように言った。「数えられることすべてが大事なわけではないし、大事なことすべてが数えられるわけではない」（『実践！アインシュタインの論理思考法』［ＰＨＰ出版］のなかでソープが引用）。価値のある測定は、機会や問題を見つけ、イノベーションを刺激する機会を与えてくれるため、ビジョンを見直すうえで極めて重要だ。

この概念に沿って、コークの年金管理グループは、年金資産の収益性を大幅に改善する指標を開発した。これには、ポートフォリオのリスクを毎日監視し予測する能力が含まれる。世界のどこかでショックが発生して市場ボラティリティが上昇したら、特定のリスクレベルが維持できるように、私たちは二四時間以内にポジションを減らすことができる。

米国債が格下げされ、米国債のデフォルトが懸念された二〇一一年、私たちは速やかに投資ポジションを三〇％減らすことができ、大きな節約につながった。市場のタイミングを完璧にとらえるのは難しいが、世界的な株式パフォーマンスの主な変動要因を理解し、それに伴ってポートフォリオを直ちに調整することで、大きな価値を創造することができる。二〇一三年、私たちの投資リターンは、こうした調整を行わなかった場合の二倍を上回った。

組織として成功したいのであれば、資産、製品、戦略、顧客、契約、社員だけでなく、測定することが役立つと思われるあらゆるものの利益（そして、利益の牽引役）を測定し、理解するように最善を尽くさなければならない。

私たちがインベスタを買収したとき、インベスタには工場や製品ごとの利益を測る指標がなかった。これでは情報に基づく運営や資本の意思決定はできるはずもなく、顧客ごとの利益も明確には把握できなかった。

さらに、収益は彼らが持っている数少ない指標の一つだったため、ビジネスリーダーは収益を重視しすぎていた。その結果、利益を生まない製品ばかり作り続けていた。また、リーダーには、諸経費をどのように製品ラインに配分するかについての発言権がなかったため、彼らには当事者意識というものがまったくなかった。社内振替価格は公式によって決められており、会社全体としての最適化を奨励するようなシステムではなかった。

私たちはさっそく、利益指標と市場ベースの振替価格を導入し、インベスタの損益計算書とバランスシートのすべての項目を説明できるようにした。こうした指標を導入することで、リーダーたちは、うまくいっていないビジネスで構造改革が必要なビジネスが何なのか（そしてその理由）、そしてうまくいっていてさらに投資すべきビジネスが何なのかを把握することができるようになった。

それ以降もインビスタはほかの指標を採り入れ、成長に弾みをつけていった。今では、インビスタの製品と原材料の価格を左右するすべてのファクターを監視している。これらの指標には、需要と供給、貿易の流れ、コストドライバーなどの価格設定メカニズムや、代用製品の価格とコスト構造が含まれる。これらの指標によって価格付けが改善されただけでなく、社内インフラ投資の魅力度の理解の向上にもつながった。

リーダーたちは業界の変化の速度を理解し、彼らの会社や担当地域が競合他社と同等か、あるいはそれよりも速い速度で向上しているのかどうかを理解する必要がある。マーケットシェアの変化、コスト削減速度の変化、利ザヤ、新製品からの利益率などを競合他社と比較するのである。

何かを測定するときは、精度よりも正確さを常に重視しなければならない。私たちの定義する正確さとは、価値を創造する正しさの度合いを意味し、一方、精度とは完璧を求めるあまり、意味のない桁数まで測ろうとすることを意味し、これは成長にとっての敵となる。

良い意思決定をするのに必要以上の詳細な情報を得てもムダでしかない。投資判断をするとき、不必要な詳細は重要な要素から気をそらすだけである。結果を正確に予測するのは不可能だ。したがって、財務予測の数値を小数点以下数桁まで出すように、結果を正確に予測しようとすればムダになる。さらに悪いことに、こういった試みは間違った自信を生む可能性もある。

私たちは測定するものに基づいて行動する傾向がある。したがって、測定しなくてもよいものを測定しても、それはムダであり、意味がない。この典型例が、ムダなあるいは利益を生まないコストだけでなく、「すべて」のコストを削減しようとすることである。例えば、体重を減らすことを目標にしているとすると、足を切断すれば体重は減るが、これは有益なこととは言えない。

コスト削減のためのコスト削減は、浪費同様、目先のことしか考えておらず、これは将来的な利益に著しいダメージを与える可能性がある。多くの会社は、大きな利益を上げているフランチャイズをコスト削減によって共用化することで弱体化させてきた。例えば、ファストフードチェーンは材料を安くあげることで商品を共用化してきた。お客が何を重視するかを忘れ、安い材料を使うことで利ザヤを上げるという幻想を信じた結果がこれである。泥まんじゅうはチョコレートパイよりも安くつくのは明らかだが、これは腹をすかせたお客にとっては無価値なものでしかない。

指標はできるだけ定量的なものでなければならないが、質的および無形な要素も洞察力の創造にとって重要なので、こうした要素も考慮すべきである。「価値とコストの重要な要素とは何なのか」「私たちの競争力を持続的に向上させるにはどうすればよいのか」をリーダーは常に問わなければならない。

それは、顧客に商品とサービスを低コストで提供するのか、高価値の商品とサービスを提供するのかの選択になることが多い。コークでは、どの製品についても、コスト削減と顧客に対する価値創造の相対的重要性を測るのに、コスト・プライス・バリュー（CPV）モデルを使っている。

マイケル・ポーターは、「会社は低コストの生産者になるか、あるいは自分たちの製品を差別化して価格プレミアムを得ることで優位性を得ようとするかのいずれかである」と書いている（マイケル・ポーター著『競争の戦略』［ダイヤモンド社］より）。コスト・プライス・バリュートライアングルは両方のアプローチをどう使えばよいかを理解するのに役立つものだ。コストを重視する生産者は、ムダを省くことを常に考えている。彼らはあらゆる活動、プロセス、ヒト、リソース、製品、資産の利益を測定・調査し、ベンチマーキングを行うことでムダがないかどうかをチェックする。

コストを削減したあと、ほかの要素が不変なのに利益が減少した場合、コストを削減したものは実はムダではなかったことになる。利益の出るコスト削減戦略の設計では、限界効用分析と、ベンチマーキング、機会費用、批判的分析、健全な判断が行われる。「やるべきではないことを大きな効率性をもって行うことほど無益なことはない」とピーター・ドラッカー（『ハーバードビジネスレビュー84』掲載のピーター・ドラッカーの「What Executives Should Remember」より）も言っているように、それにはやる価値のあるものかどうかの判断も含まれる。

製品の差別化を行うには、今顧客が高く評価しているものを理解し、将来的に顧客が何を高

図4　CPVトライアングル

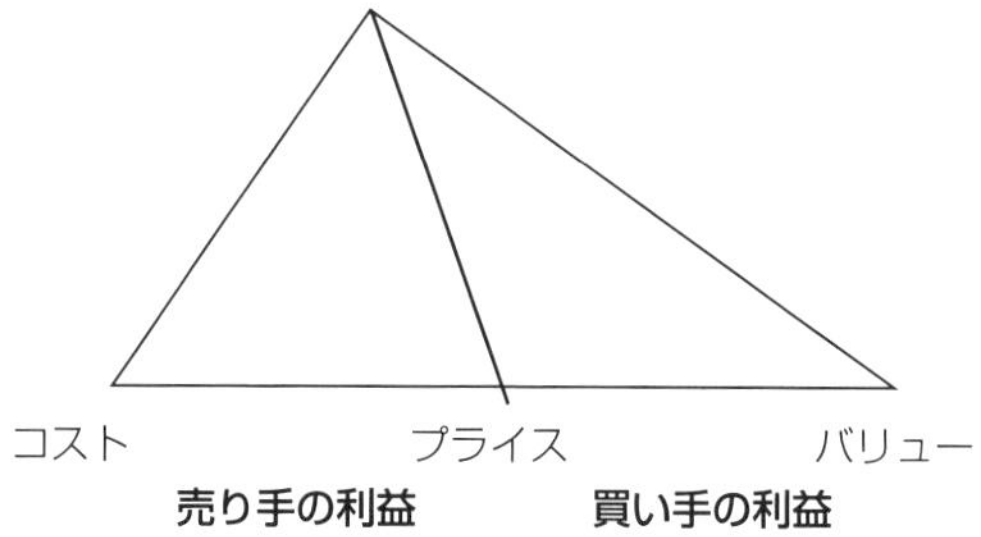

この三角形は、自由な交換が両当事者にとってどう利益になるかを示している。売り手の期待利益は価格と製品の製造コストとの差であり、買い手の期待利益は価格と買い手に対するその商品の価値との差である。価格は売り手と買い手の間で価値を分配するだけでなく、取引が発生するかどうかを決定する要素になる。価格が生産者のコストを下回れば、その生産者はその製品をそれ以上作ることはない。逆に、価格が買い手の価値を上回れば、買い手はその製品は買わないため、買い手にも売り手にも価値は創造されない。

く評価するかを予測しなければならない。生産者は、これを理解したうえで、直接的・間接的競合他社の製品やサービスよりも高く評価されるような製品を常に開発していかなければならない。顧客に対する価値を増大させ、その価値の幾分かをとらえることで、買い手と売り手の双方にとって良い結果——良い利益——を生みだすことができる（顧客は主観的な価値観に基づいて製品の価値を決めるということを忘れてはならない）。

自分たちの製品を差別化できる会社は、競合他社の行動に拘束されることはない。価格は単なる最小公倍数ではない。価格は、顧客が特別な価値に対してどれくらいのプレミアムを支払うかによって決まるのである。

ビジネスパーソンは価格受容者というよりも価格探求者でなければならない。そのためには、他人がまねできないような価値を創造する新たな方法を発見することである。イノベーターがまずこの優れた価値の大半をとらえることとは、サプライヤー・イノベーターと顧客の双方にとって利益となる。これはサプライヤーにイノベーションを続けさせるインセンティブになる。なぜなら、創造的破壊を考えると、サプライヤーがとらえることのできる価値は時間とともに減少していくからである。

限界効用分析

限界効用分析とは、「もう一単位だけ生産量を増やすと、あるいはもう一つだけ工場を増やしたり減らしたりすると、あるいは投資を少し増やしたときと投資を大幅に増やしたとき、どれくらい利益が増えるか」を観察するアプローチのことを言う。平たく言えば、何かを少しだけ変化させたときにコストがどれだけ増え、利益がどれだけ増えるかを見る分析ということになる。限界と呼ぶのは、それが重要ではないからではなく、端で発生する微小増分――限界値――に注目する分析だからである。限界効用分析では、ある変化に対する利益とコストを観察する。したがって、限界効用分析は平均値や総計よりもパワフルなツールである。

意思決定は限界効用分析を用いて行うべきである。そのためには、限界コストと限界利益の違いや、サンクコストのように限界的ではないものを理解する必要がある。適切な利益に基づく意思決定を行うことによってのみ、会社は利益を伸ばし、ムダを省くことができるのである。利益は意思決定によって大きく違ってくる。

ある工場で余剰能力を使ってもう一単位だけ生産量を増やした場合、限界コストは発生する微小増分コスト（平均コストとは大きく異なる）に、市場に対する影響を加えたものになる。しかし、一単位だけ生産量を増やすために工場を拡大しなければならないとすると、限界コストには必要な投資と操業コストの増分も加味しなければならない。

こうした増分は過小評価されがちだ。会社が複雑さや量の追加分に対するコストを経験したことがない場合は特にそうである。利益の出ない工場をどうするかを決めるに当たっては、限界効用分析を使って、その工場を操業し続ける正味現在価値と、工場を閉鎖したり売却したときの正味現在価値とを比較する。限界効用分析は正しく使えば、非常に有用な測定ツールになる。

ベンチマーキング

ムダを省くのに役立つもう一つのタイプの測定がベンチマーキングである。ベンチマーキングとは、世界中からベストプラクティスを探し出し、それを指標としてプロセス改革を進めることを言う。ベンチマーキングにはいくつかの方法がある。

どんなビジネスに従事していようと、会社のベスト（社内）、業界のベスト（競合他社）、世界中の業界のベスト（国際レベル）から学べることは多い。メンテナンス、販売、営業活動、ＩＴ、会計などの特定の分野における優れたパフォーマンスを分析することは、何がベストなのかを知り、どうすればそれが達成できるのかを学ぶパワフルな方法である。

ジョージア・パシフィックのトイレットペーパービジネスをベンチマーキングするとき、私たちはコストを、さまざまなものを扱う大手総合企業のコストだけでなく、パルプから自社ブランドのトイレットペーパーを製造する一セグメントに特化した最もコスト効率の良い生産者のコストとも比較した。ベストプラクティスは会社の内外だけでなく業界全体からも探すことが重要だ。

効果的なベンチマーキングには客観性が必要だ。したがって、ベンチマーキングは誠実に正直に行う必要がある。こうした客観性は時には痛みを伴うが、私たちのパフォーマンスとベストパフォーマンスとのギャップを理解し、そのギャップを埋めるには何が必要かを理解することが重要だ。

これは情報の入手は難しいかもしれないが、大手競合他社に対するベンチマーキングだけでなく、急成長している会社、最も利益を出している会社、最も低価格の製品を提供している会社に対するベンチマーキングも必要だ。私たちよりも彼らのほうが高いパフォーマンスを上げていることが分かったとき、それは私たちがコントロールできないファクターによるものであると自己弁護してはならない。こうした自己防衛的な思考に陥ることは多く、それは多大な損害につながる可能性がある。なぜなら、それは行動しないことを正当化することになるからだ。こうした傾向に陥らないようにするためには、シニアリーダーはどんな言い訳も受け入れてはならず、自分たちが遅れをとったことを認める謙虚さが必要だ。

ベンチマーキングではないが、同じ効果をもたらすものに、実際のパフォーマンスと理想とするパフォーマンスを比較するというものがある。操業因子、生産量、エネルギー消費のような指標を使った物理的プロセスはこの方法が合っている。理想とするパフォーマンスと実際のパフォーマンスとの価値のギャップを測定することで、それぞれのパフォーマンスを改善するためには何を優先しなければならないかが分かる。

注意してもらいたいのは、この指標のなかでは予算は使ってはならないという点である。これは非常に重要だ。予算はマネジメントツールとしては効果的ではないと私たちは考えている。例えば、ボーナスを予算（予算はそれ自体、真の価値創造につながることはめったにない）に合わせて決めるといった間違ったインセンティブを生みかねないため、逆効果になる。ただし、予算は意味のあるベンチマーク――例えば、理想的パフォーマンスや理想的な競争力――を基にした目標として使われる場合は非常に有用だ。

プロフィットセンター指標

企業がどこでどのように価値を創造するかを最良の方法で決めるには、「プロフィットセンター（収益と費用［コスト］が集計される部門。各事業部単位自体で利益を生みだせるように努力する責任単位のこと。財務諸表が作成される部門単位）」という概念に基づいて指標を開発するのがよい。特定の製品、市場価格、顧客、サプライヤー、資産が存在するところは、どこでもプロフィットセンターになり得る。プロフィットセンターの財務諸表は経済の実態を反映したものでなければならない。損益を測定できるところはどこでも、何がそういった結果を生みだす源泉になるのかを理解するために分析も必要になることを忘れてはならない。

プロフィットセンターを最も低い実務レベルで効果的に作ることで、大きな競争優位性が得られる。これには各顧客からの利益を知ることが含まれる。コストを顧客の買う量によって割り振れば、つまり、コストを平均的に割り振れば、各顧客からの利益を正確に知ることはできない。小口の顧客には、特に注意が必要だ。販売費用を考えると、小口の顧客のコストは高くつく傾向がある。スペックが異なる製品を多品種生産すれば、工場はそれぞれのスペックに合わせて小規模化する必要が生じたり、あるいは在庫を増やす必要が生じたりするからである。これらの顧客に対する真のコストを導き出すためには、客観的な分析が必要になる。

理想的には、各工場や工場の各部署は、利益を計算できる指標を持つことである。工場が二つ以上の製品を製造している場合、各製品の利益をトラッキングする必要がある。企業が製品やサービスを外部の顧客に売るとき、価格は経済の実態を反映したものでなければならない。また、製品を社内で振り替えるときには、価格は市場における代替品を反映したものでなければならない。つまり、社内振替価格は適切な限界量に対する市場価格を表すものでなければならないということである。市場に流動性がなく、その量を買う価格と売る価格が大きく異なる場合、振替価格はその二つの価格の間で設定しなければならない。通常は二つの価格の平均が用いられる。利益を正確に測定できる現実的な振替価格がなければ、ビジネスの健全な意思決定を行うことはできない。

コストベースのシステムを使って製品の振り替えを行えば、それは間違った利益シグナルを生み、悪い意思決定につながる。これは政府がある企業を特別に助成するのに似ている。これは市場プロセスをゆがめ、ムダを生む。事業単位にしかるべき理由もなく――例えば、知的所有権を保護したり、スケールメリットのために――社内での購入を求めれば、これはムダ以外の何物でもない。

こうした利益をゆがめる行為が、不振に陥っている事業や工場をてこ入れするために使われれば、会社に害を及ぼすことになる。社内のほかのビジネスに対する影響を考慮したうえで、ある業務で採算が取れない場合、助成金を与えたりしないで、そういった事業は売却するか閉鎖すべきである。

社内市場の目的は、外部から買うのと同様に、ビジネスの利益に基づいて意思決定が行われるように内部的シグナルを得ることにある。正しい社内市場は、知識を生みだし、意思決定を導き、責任感や説明責任を強化し、起業家精神を持つことを促し、ムダを省くのに役立つ。

プロフィットセンターは、製品を外部顧客のために製造し、販売し、配送するのに必要な活動だけではなく、会計やクレジットサービスなどのサポート活動も行う。サポートサービスが創造する価値を測定するのは難しいので、しっかり監視しなければ、彼らは利益に対する貢献よりも、サービスを最大化しようとする。この問題を最小化するためには、これらのサービスは可能なかぎり関連事業の管理下に置くか、社内市場に参加させるのが望ましい。

そのあと、ベンチマーキングを行い、アウトソーシングの品質調整済みコストと比較することで収益性を予測する。しかし、測定するのは、顧客、製品、資産、サポートサービスの利益だけではない。第10章で述べるように、各社員の利益も予測する必要がある。

そのためには、彼らの年間を通じての貢献度（プラスになることもあれば、マイナスになることもある）の現在価値をできるかぎり定量的に追跡し、年間パフォーマンスの三六〇度評価を行う。評価には、年間を通してその個人と最も密に働いてきた人々――上司、同僚、部下――のパフォーマンスフィードバックも含まれる。

チャレンジング

自由主義経済の国が国民に知識を提供できるのと同じように、社内での言論の自由は情報やアイデアの交換を促し、それによってイノベーションや進歩が生まれる。言論の自由は極めて重要な知識プロセスである。社内でのコミュニケーションがないがしろにされたり、ゆがめられたりすれば、その企業の知識の質と量に影響を及ぼし、（競合他社を除く）だれもがツケを払わされる。

知識の共有はイノベーションにとって重要なだけではない。企業が成功するためには、アイデアやプランを探し求め、共有し、議論し、異なる意見を言うことが不可欠である。

すべての知識を持ち、常に最高の意思決定や発見をする人はいない。知識にはさまざまな種類のものがあり、拡散していくので、重要な意思決定を行うときには、関連する知識を選んで使わなければならない。

職場で敬意と信頼関係を重視する文化が促進されれば、社員はアイデアを共有し、問題を予測・解決するために最良の知識を求めようとする。言葉のやり取りは、価値を創造するもっと良い新しい方法の発見につながる。そうしたやり取りがタブーや官僚主義、システム、やり方、在職期間、知識の囲い込み、エゴ、階層制度によって抑えつけられれば、知識の共有は抑圧される。

リーダーは自分の言うこと、やることには影響力があることを忘れてはならない。リーダーの言うこととやることが否定的であれば、すべての努力は水の泡と消える。損失に対する私の反応が、長年にわたって機会を喪失したという経験がある。一九七〇年代、海運業で出した巨額の損失を私が批判したために、社員たちは一〇年間、海運業にチャンスを見いだすことをやめた。海運業にかかわったこと自体が間違っていたのではなく、やり方に問題があったことを、私は明確にしなかった。これによって、何が批判され、批判されないのかをだれもが理解する必要のあることが明らかになった。

コークでは、真実こそが結果につながる。階層組織のだれかが真実であると言うものが真実ではなく、立証され、批判の試練に耐えたものが真実なのである。もっと良い方法を見つけるために絶えず疑問を投じ、ブレーンストーミングを行うことを、私たちはチャレンジングと呼んでいる。チャレンジングは、個人のアイデアをつぶすのではなく、学習し向上する機会とみなすべきである。「ここでは何が足りないのか」「もっと良い方法はないか」といった自由な質問をすることで、リーダーはチャレンジングを奨励しなければならない。

個人を尊重しながら、その人——CEOも含む——の信念、アイデア、提案、行動について質問する勇気と意欲を持つことで、チャレンジングの質は高まる。

チャレンジングは、「ここで考案されたものではない」からと言って反対するのではなく、建設的な改善精神の下、知的誠実さを持って行う必要がある。また、人にチャレンジングするのではなく、アイデアにチャレンジングすることが重要だ。

チャレンジの正式な形を「チャレンジプロセス」と言う。チャレンジプロセスの生産的な形態の一つは、ブレーンストーミングである。議論に大きな価値を与えるすべての機能や能力――企業経営、販売、営業、供給、テクノロジー、ビジネス開発、民間セクターにかかわるすべての人――が集結して議論し合うのである。もし外部の人で、優れた知識や価値のある考え方を持っている人がいれば、そういった人たちを参加させるのもよいだろう。

こういったチャレンジプロセスを効果的に行うには、異なる考え方、いろいろな知識、専門知識を持った人々を参加させるのがよい。こうした多様性はイノベーションにとって重要で、最良の意思決定を導くうえでも重要だ。これはまた、会社、社員、顧客、社会にとっても意味があり有益だ。

こうした正式なチャレンジプロセスの設計とリーダーシップの質もまた、そのチャレンジプロセスの有効性にとって重要だ。正しい参加者が正しいリーダーシップの下で正しいフォーラムに参加することで、以前は解決できなかった問題を解決するための突破口が開かれるのである。

チャレンジプロセスのより構造化された形態としては、内部や外部のコンプライアンスの専門家によるコンプライアンスの監査が挙げられる。こういった監査に脅威を感じたり、信頼されていないのではないかと心配になり、監査に抵抗する人もいる。監査は信頼性を試すものではなく、学習し向上する機会ととらえるべきである。問題を抱えていることが監査によって明らかになるほうがよいだろうか、それとも大惨事に遭うほうがよいだろうか。

社内で創造的破壊プロセスを促進するためには、どういったことも、どういった人もチャレンジを免れることはできない。現場の監督者からＣＥＯに至るまで、私たちのだれもがチャレンジを歓迎し、変化を受け入れるオープンな環境を作るべく努力すべきである。あなたの考え方がめったにチャレンジを受けない場合、あなたがチャレンジを歓迎していないという印象を与えている可能性が高い。どのレベルのリーダーもチャレンジに対してオープンになるだけでなく、社員のチャレンジを求めるくらいの気持ちが必要だ。そして、建設的にチャレンジしてくれた人には、感謝しなければならない。

会社を危険にさらさないためには、どういった問題であっても解決しなければならない。したがって、あなたの会社における役割が何であれ、知識や違う視点を持てるように努力すべきである。あなたの知識や視点を、それらを共有することで利益を得る人々と積極的に共有することが重要だ。チャレンジプロセスのすべての参加者がＭＢＭの基本理念に従い、価値創造を重視すれば、チャレンジプロセスは発見のパワフルなツールになる。

知識と価値創造

本章の冒頭で話したガン研究所の知識プロセスを振り返ってみよう。研究者の意思決定が、恐怖や保身、エゴ、ひねくれたインセンティブによるものであった場合、ガン患者はどうなるだろうか。

同様に、意思決定が破壊的な影響によるものであれば、会社には悪い結果が待っている。知識プロセスが望む結果を生みだすためには、経済的で批判的な思考、ロジック、証拠が必要だ。自分たちが使っているメンタルモデルを明らかにし、それを明確に伝えなければならない。アインシュタインが言ったように、物事を「できるだけシンプルに、しかしシンプルすぎない」ようにすることで、物事を不必要に複雑にすることは避けなければならない（アインシュタインは「物事はできるだけシンプルにすべきだ。でもシンプルすぎてもいけない」と言った。スコット・ソープ著『実践！アインシュタインの論理思考法』［ＰＨＰ出版］より）。エレガントではあるが複雑なメンタルモデルや、無意味な議論、結果を生まないアイデアに価値はない。スタイルよりも内容を重視すべきである。

自由社会では、人々が何を高く評価し、そういった価値観をどうすれば最も効率的に満足させられるのかは自由に議論することができる。同様に、企業のなかでも、市場ベースの知識プロセスを使って真実と倫理観を重視することで、自由市場のパワーを十二分に引き出し、有益な知識を生みだすことができる。

会社、顧客、社会に対して、より多くの価値を生みだすもっと速くて安価な方法は必ずある。価値創造には、優れた経済的思考、利益の測定、知識の共有、チャレンジング、実証されたツールとメンタルモデルの適切な使用が不可欠だ。これらは優れた知識プロセスにとって不可欠な要素である。

コークでは、特定の意思決定に関係のある最良の知識を持った人が意思決定をする。もっと厳密に言えば、比較優位性を持った人が意思決定をする。これについては次の第９章で詳しく説明する。

第9章　意思決定権――組織内における財産権

「人は自分のものは大事にするが、共有のものはあまり大事にしない……人はほかの人が対応していると思ったら、自分の責任を無視する傾向がある」

――アリストテレス（アリストテレス著『政治学』より）

共有地の悲劇

ケンブリッジ大学の大学院生だったころ、私は二人のルームメートとトローブリッジ街にアパートを借りていた。このアパートには良いところが一つもなく、近隣の環境も悪かった。一度、夜道を一人でアパートに帰っていたとき、路上強盗に襲われそうになり、急いで逃げ帰ったことがある。

アパートの住民はゴミをビルの非常階段を降りて路地のゴミ箱に捨てにいくことになっていた。しかし、怠け者の住民はゴミの入った袋を非常階段から下に投げ捨てていたので、ゴミは膝の高さまで積み上がった。

正直者の賃借人（エヘン！）はゴミをきちんと捨てたくても、ゴミが積み上がっているのでその路地まで行くことはできなかった。この路地はだれのものでもなかったので、他人がその路地にゴミを投げ落とすのをやめさせる力もなかった。私たちのだれ一人として、その状況を何とかしようと考える者はいなかった。これは「共有地（コモンズ）の悲劇」の一例だ。

共有地の悲劇とは、環境保護活動家のギャレット・ハーディンが考え出した言葉で、羊飼いが「コモンズ」（『サイエンス162』誌に掲載されたギャレット・ハーディンの「The Tragedy of the Commons」［一九六八年］より）と呼ばれる共有の牧草地に羊を放って飼育するとどうなるかを記述したものである。合理的な羊飼いは一匹でも多くの羊を放とうとするだろう。なぜなら、多くの羊を飼育して売れば利益になり、しかも放牧のコストを負担する必要はないからだ。やがて牧草地は荒れ果てる。彼にはその土地を長く保護しようという動機はない。なぜなら、彼が過放牧しなければ、ほかのだれかの羊によって牧草が食い荒らされることを彼は知っているからだ。つまり、だれもその土地を所有していなければ、あるいはリソースを保護することで十分な利益が得られなければ、責任を取る人はだれもおらず、リソースは非効率に使われたり、乱用されたり、消滅することもあるということである。

物事が間違った方向に進んだり、ビジネスにおいて機会が認識されなかったりするのは、共有地――責任の所在がはっきりしない共有地――の悲劇によってもたらされるものだ。コークでは、社会における財産権の利益と責任を複製するのに意思決定権というものを使う。コークでは社員を起業家とみなす。これと同じように、意思決定権は組織における財産権と考える。

実際にあった衝撃的な共有地の悲劇の例は、二〇一〇年に発生したブリティッシュ・ペトロリアムのディープウォーター・ホライズンのメキシコ湾原油流出事故である。これはトランスオーシャンが所有・運営する掘削装置で掘削されていたマカンド油田の爆発炎上によって発生した（ハリバートンの社員がテクニカルサポートを提供していた）。

その爆発で掘削装置で作業していた一一人が死亡し、一七人が負傷した。そして、メキシコ湾岸の海洋生物や環境は甚大な被害を受けた。

その運命的な日、ブリティッシュ・ペトロリアムのＣＥＯ（最高経営責任者）はメディアの前に現れ、過失がどこにあるのかを明確に述べた。「掘削装置の安全性の責任はトランスオーシャンにある。それは彼らの掘削装置であり、彼らの設備であり、彼らの社員であり、彼らのシステムであり、彼らの安全プロセスなのだから」と彼はＣＮＮに言った（http://blog.chron.com/newswatchenergy/2010/04/bp-ceo-on-gulf-rig-disaster-how-the-hell-could-this-happen［ＣＥＯが話をした日は二〇一〇年四月二八日］を参照）。

しかし、意思決定権がもっとよく確立されていれば、爆発は防げただろう。三つの組織のうち、そして彼らに雇用されている人々のうち、だれに責任があり、だれが危険な作業を止める権限を持っていたのか。ブリティッシュ・ペトロリアムは意思決定を行うとき、爆発が起こる可能性や、爆発が起こったときのリスクの大きさを認識していたのだろうか。

本章の冒頭で引用したアリストテレスの言葉にもあるように、人々は自分の所有物は大事にする。なぜなら、リソースの所有者はそれを使うことで利益を得ることができるが、そのための費用も負担しなければならないからである。所有者がいない場合や所有者がはっきりしない場合、そのリソースはムダに使われる。

責任の所在をはっきりさせなければ、有益で積極的な行動を導き出すこと、あるいは事がうまくいかないときに人々に説明責任を持たせることは、不可能とは言わないまでも、非常に難しい。リソースの明確な所有者がいない場合、その有効利用に責任を持つ者はいない。

市場ベースの経営（ＭＢＭ）では、意思決定権は権限と同意語である。もしあなたが何かを決める意思決定権を持っているとすると、あなたにはそれを決める権限があるということになる。つまり、あなたにはそれに対する責任と説明責任があるということである。

市場経済では、消費者が所有者の財産の使い方に対して決定権がある。消費者は所有者が彼らの役に立てば報酬を与え、役に立たなければ見限る。したがって、所有者がお客を満足させれば、その所有者の財産権は増大する。もしお客を満足させられなければ、財産権は減少する。

財産権は顧客を満足させるため、それを最も効果的に使う人はそれを継続的に得ることができ、そうでない人は財産権を失う。

意思決定権の原理も同じである。ただし、意思決定権は財産権よりももっと限定的であることを認識することは重要だ。財産とそれから得られる利益を所有するのは社員ではなく会社なので、社員には会社に対して受託者責任があり、会社はいかなる意思決定権も指導する義務がある。意思決定権を請負財産と考えてみると分かりやすい。社員の意思決定権が私たちの基本理念（会社のために価値を創造する義務など）の制約を受けるのはこのためである。

社会における私有財産権と同じように、組織における意思決定権は細分化することができ、いろいろな形態がある。日々の仕事に関して幅広い意思決定権を持つ社員でも、営業や資本支出、あるいはほかの社員に関連することについてはあまり権限はないかもしれない。それと同時に、ほかの社員の主な責任は、これらの支出が利益を生み、きちんと管理されていることを確認することである。

意思決定権は社員の比較優位性を反映していなければならない。第4章で述べたように、社員の比較優位性は、その社員が時間という名の機会費用よりも大きな価値を創造する活動においてはっきり表れる。比較優位性がグループ内で最適化されれば、そのグループが創造する価値は最大化される。

この概念を理解するには、販売担当者を考えてみるとよい。彼らは販売分析も得意かもしれないが、販売を行うことのほうが彼らの時間はより有益に使われる。したがって、トップセールスマンは、分析は資格のある販売分析家に任せ、自分たちは販売に集中すれば、セールスマンも分析家も彼らの比較優位性を生かすことができる。比較優位性を生かし、常に良い意思決定をする社員は、組織内における役割や地位によらず、意思決定権を拡大することができるだろう。

意思決定をうまくやれる比較優位性を持った人（必ずしも階級の高い人とは限らない）が意思決定者になるべきであるということの概念をしっかりと理解し適用すれば、より大きな価値を創造することができる。特殊な専門知識を持ち、責任者としての立場に慣れている人にとっては、これは受け入れがたいことかもしれない。医者が知識を共有する文化を構築し、看護婦、セラピスト、介護人に比較優位性をもっと発揮させれば、それは医者自身にとって（そして患者にとっても）ためになる。

こうした方法で明確に定義された意思決定権を与えることとは、階層制の規範とは真っ向から対立する。意思決定権を正しく使うことで、能力や結果よりも在職期間や経歴を重んじる組織がいかに非効率的かということが浮き彫りにされる。意思決定権に対する私たちのアプローチは、ＭＢＭによってほかの会社との差別化を図るための重要な方法の一つである。

意思決定権をジョージア・パシフィックに導入

意思決定権というMBMのこの要素は、これまでコークが買収してきた会社の改善を図るうえで大いに役立った。

コークはジョージア・パシフィックを給与等級と職種に基づいて意思決定権が与えられる古い体制から脱皮させた。古い体制では、「認可された」予算に含まれる項目は、含まれない項目に比べると権力者による許可をそれほど必要としなかった。新しい体制では、予算とは無関係に、意思決定の比較優位性に基づいて権限が決められる。

ほかの多くの会社と同じように、ジョージア・パシフィックは指令・制御構造の会社で、リーダーに対するチャレンジはタブーだった。私たちは、リーダーがほかの社員からかけ離れ、雲の上の存在のように思えるこの厳格な階層制を解体した。私たちがジョージア・パシフィックを買収したとき、この会社の最高幹部はアトランタにある五一階建てのビルの最上階にいた。最上階には特別なエレベーターが備えられていた。この会社のドレスコードは「ビジネスカジュアル」であったにもかかわらず、社員はジャケットとネクタイなしではこのフロアに入ることはできなかった。五一階に定期的に呼び出される社員はオフィスにジャケットとネクタイを常に用意していた。

経営陣は近づきがたく、非難できない人々という印象を変えるために、コークは経営陣を下の階に移し、五一階をすべての社員が自由に行ける会議室に変えた。これは象徴的ではあったが、重要な変更だった。

さらに、何かがおかしければ、あるいはもっと良い方法があれば、だれもが上司にチャレンジできることを強調した。コークでは、リーダーは社員からのそのようなチャレンジを歓迎することが求められる。

コークに買収される前のジョージア・パシフィックは、役割は経歴や年功に基づいて決められていた。しかし、私たちが社員の役割・責任・期待を決めるとき、私たちが見るのは個人の比較優位性である。そこで私たちは過度に細かく仕事を指示したり、そのほかの非生産的な指標を使うのはやめにした。今では責任と期待は明確かつシンプルに決められている。

この最後のタイプの意思決定権は、学習して適用するのには少し時間がかかる。そこで、私たちは集中教育プログラムを使って何カ月にもわたって徐々に変えていった。責任や権限をいきなり変更すれば混乱につながり、時にはプロジェクトや戦略が中断したり遅れたりすることが多々あることを、私たちはこれまでの買収から学んだ。

ほかのタイプの意思決定権は比較的すぐに変えることができた。例えば、前もって決められた予算を設備投資や奨励給を認可するツールとしては使わないといったことなどがそうである。これらは予算ではなく、社員の意思決定の質と彼らの権限のレベルによって決められる。一般に予算は制御ツールとしては使わない。すべての意思決定はメリットに基づいて個別に行われる。

私たちはジョージア・パシフィックの信用審査部に与信判断の全権限を与えた。これは大きな変化だった。以前は信用審査部が限度を決めても、事業部はその限度を超える権限を持っていたので、限度が守られることはなかった。このように信用機能を無視することで、当然ながら与信判断が利益をもたらすことはなかった。

しかし、事業部が信用審査部と協力し合うようになり、考え方や知識を共有するようになると、与信判断とリスク調整済み利益が一致するようになった。通常、信用審査部は損失を出せば責められるが、利益が出ても褒められることはないため、デフォルト確率が危険閾値にある申請は断ることが多い。コークでは、利ザヤがリスクを正当化できるほど高い場合、信用分析家にはリスクをとらせる。製品の利ザヤが高ければ、とる信用リスクも高くなる。

ジョージア・パシフィックにおける信用パフォーマンスのもう一つの改善点は、チームメンバーに、貸倒損失が発生したかどうかではなくて、彼らの意思決定がそのビジネスの利益をどう推進したかに基づいて報奨金を与えたことである。明確な意思決定権が与えられている環境では、良い意思決定をした人は報奨金が与えられる。これは、自由社会における起業家が、私財を使って顧客や社会に対して価値を創造するのと同じである。

意思決定権の最適化

ＭＢＭの意思決定権を社内全体に適用し始めてから、コークのイノベーション率は加速していった。意思決定権を明確に定義し、比較優位性に基づいて意思決定権を与えることは、どんなセクターの、どんな業界の、どんな規模の会社にとっても利益をもたらす。

競争優位を持ったイノベーションには、最良の機会をとらえ、当事者を明確に定め、適材を適所に配置し、効果的な実験を行い、速やかにかつ効果的にスケールアップし、短期的な破壊的イノベーションと長期的な破壊的イノベーションのバランスを取ることが求められる。言い換えれば、イノベーションには、頻繁に見直しながら調整するダイナミックな意思決定権のアプローチが求められるということである。

理念を持った起業家精神は良い利益を生みだす。そして、顧客が代替品よりも高く評価する製品やサービスを提供することで、良い利益だけでなく、財産も増える。こういったことをやらなければ、損失を被り、財産の管理能力は低下する。

このアプローチを使えば、財産を他人の生活が向上するのを助けるためにより有効に使う人の手に移動させることができるため、社会的な利益につながる。「だれがどんな財産を保有し、だれがどんな仕事をするかは市場が決める。これらの意思決定は決定的なものではなく、毎日取り消すことができる。選択プロセスが止まることはない」とルートヴィヒ・フォン・ミーゼスは書いている（ルートヴィヒ・フォン・ミーゼス著『ヒューマン・アクション』〔春秋社〕より）。
これと同じように、意思決定権は、権限を使って会社のために良い利益を生みだそうとする人に、権限を常に移動させる。

トップダウンの意思決定権とボトムアップの意思決定権

意思決定を行う最良のポジションにだれを配置するかは、問題やプロセスにだれが最も近いかでは決められない。また、知識主導型で急激な変化が起こる世界では、トップダウンの意思決定は極めて非効率的だと批判を受ける。

中央集権型の指令・制御の企業経営は、ローカルな知識を持つ人が目の前にある問題を解決することが許されない中央計画経済に見られるのと同じ問題を持つ。全社員のアイデアや創造的エネルギーは大いに活用すべきではあるが、分権型意思決定にもまた問題がある。広い視点が必要とされるとき、狭い視点しか持ち得ないレベルで意思決定するのはあまり適切とは言えない。

どちらかのアプローチ——中央集権型意思決定アプローチか分権型意思決定アプローチか——を厳格に適用するのは正しい答えではない。例えば、石油精製所での日々の運用をどうすれば最適化できるかの意思決定は、一般に現場の社員が行うのがベストである。一方、遠くにいるが幅広い知識をもった人々は、五年（この五年というのは、新しい処理装置を設計し、政府の認可を得て、構築するのに必要な時間）以内に最も利益の出る製品構成をどういったものにするかに関する意思決定をするのに適している。

訴訟を起こしたり解決するための意思決定はほとんどの場合、中央集権型の意思決定が必要になる。コークの各施設や各事業部門のリーダーは訴訟の二次的・三次的な結果を予測できないことが多い。

ITプラットフォームについても同じことが言える。各工場がそれぞれに独自のシステムを使えば、ビジネス全体を効果的に最適化することはできない。重要なのは、意思決定は最も近くにいる人が行うのではなく、健全な意思決定を行える比較優位性（最良の知識など）を持った人が行うべきであるということである。

意思決定権をだれに与えるかは、個々の意思決定をだれが行うかと同じくらい重要だ。コークでは各事業部門は中核能力（コアケイパビリティ）に関しては意思決定権を持っているが、企業レベルでの最低限のパフォーマンス基準が設けられている。パフォーマンス基準は、特にコークに対して法的責任がもたらされる状況において、全体的な指針とサポートを提供するものだ

これらのグループには、MBM、コマーシャル・エクセレンス（商業上の優秀さ）、オペレーショナル・エクセレンス（業務上の優秀さ）、人材、法務、税金、公的部門、会計、財務、

情報技術、リスク管理が含まれる。これらのグループのなかで、最大の責任を扱うグループは、コンプライアンスとオペレーショナル・エクセレンスの側面としての環境・労働安全衛生（EH&S）、法務、税金、公的部門である。

企業レベルでパフォーマンス基準を設けることは非常に重要だ。でなければ、私たちのほかの会社やコークにリスクをもたらす振る舞いを許してしまう会社があるかもしれないからである。分かりやすく言うと、企業グループは各会社に、彼らに直接影響を与える問題にどう応じればよいかを指示するのではなく、コークにとって必要な基準を下回る基準を設定させないようにするということである。私たちはこうして、環境・労働安全衛生基準、コマーシャル・コンプライアンスの範囲、プロジェクトの税務上の取り扱いをどう検査するか、会計システムと会計管理をどのようにすべきかに関する決定を行う。

前章で述べたように、私たちはサポートサービスに関する決定を最適化するメカニズムとして社内市場を使う。コーク・ビジネス・ソリューションズ（KBS）は、ITインフラや人事トランザクションサービス、施設管理などを自ら行わないコークの会社に対してサポートサービスを提供する内部組織である。コークの会社はコーク・ビジネス・ソリューションズを使ってもよいし、使わなくてもよい。

ここで質問をしよう。もしあなたやあなたの社員があなたの会社の違うグループから提供されるこういったサービスを受けても受けなくてもよいと言われたら、あなたならどうするか。

実は、コーク・ビジネス・ソリューションズのサービスを受けることが命令ではないという事実が成功するうえで重要だった。ある会社はコーク・ビジネス・ソリューションズの財産税サービスを使うかもしれないが、ほかの会社は自分たちで処理することもできるわけである。コーク・ビジネス・ソリューションズは彼らが提供するサービスを使ってもらいたいのなら、内部の顧客に彼らのサービスがコスト的にも質的にも優れていることを示さなければならない。外部のサプライヤーに比べてコーク・ビジネス・ソリューションズの最大の強みは、コーク・ビジネス・ソリューションズの社員がコークのコアバリューと連携し、顧客のために価値を創造するという強いインセンティブを持っていることである。

環境が変われば、意思決定が行われる場所も変わる可能性がある。例えば、私たちは鉄道車両を所有するかリースにするかについて、最近ある意思決定を行った。私たちの施設からの製品の出入りに必要な一万台を超える車両のうち、八〇％近くはこれまではリースだった。格付け機関がこれらのリースを高コストの負債とみなしていたことと、資金の流動性が高まり金利も下がったことから、所有する方向で考え直すことにした。

結果的には各会社におけるリースに関する意思決定、つまりリースにするか購入するかの意思決定は、財務部に一任されることになった。現在の負債を考慮した知識プロセスのおかげで、リースの比率は三〇％を下回るまでに下げられ、それによる追加投資に対するリターンは上昇した。

意思決定権が別の部署に移動したもう一つの例は、二〇〇〇年代の初め、会社の急激な成長に伴って内部不正が横行したときである。企業を次々と買収し、関連部署を拡大していった結果、二〇〇四年には一万五〇〇〇人だった社員が、二年後には八万人にまで増えた。そのころには私たちの会社は文化と信頼を共有する小さな会社ではなくなっていた。ベンダーとして独立する社員、在庫を盗む社員、顧客に不当なリベートを与える社員、リベートを受け取る社員が出てきたのはこのころからである。

私たちのレガシービジネス部門は、対応する各会社におけるこの種のリスクに対処するツールは持っていなかった。コークがまだ小さな会社のころは、これはそれほど大きな問題ではなかった。私たちが買収した企業は、二〇〇二年に成立したサーベンス・オクスリー法（上場企業の多くに適用）に基づくチェックリストと厳格な手引きを使っていた。

この気がかりな傾向に対して私たちは行動を起こす必要があった。私たちの考えでは、サーベンス・オクスリー法は内容よりも形式を重んじる傾向があった。政府のプログラムは大概がそうなのだが、規制は最良の知識を使うというよりもチェックボックスのようなもので、チェックのあとは高額の外部監査が行われる。これはMBMと対極をなすものだった。コークは第三の道を模索することになった。

これに対して回答を示してくれたのが、MBMの意思決定権だった。私たちは、法律に従ったうえでリスクを管理するのに、どんな規制が必要かを各事業部門に決めさせるという実験を行った。私たちの会社はそれぞれに独自の特徴を持っているので、上から命令するのではなくて、彼らに独自に判断させたわけである。

すべてとは言わないが、多くの場合、意思決定権は効果的に使われた。ほとんどの会社で、不正行為や乱用は着実に減少していった。

しかし、反応の悪い会社もいくつかあった。彼らは社員の不正行為にきちんと取り組まなかったり、必要な知識を持たない社員に意思決定を丸投げするというようなことをやっていた。こうした会社では、社員の不正はますます横行し、意思決定権のいくつかは企業レベルに引き上げなければならなかった。

意思決定権をだれに与えるかを決めるのは、ビジネスレベルは言うまでもないが工場レベルでも重要である。本章と第6章で述べたように、私たちの施設におけるオーナーシップベースの労働システムは、運転の効率性とメンテナンスコストの両面で効果を上げてきた。通常の運用体制では、運転とメンテナンスは分離され、意思決定権が対立することもある。

オーナーシップベースのシステムでは、オペレーターが装置の運用効率だけでなく、長期的な健全性に対する責任を持つ。これが彼らに日常メンテナンスなどのスキルを高める動機を与え、その結果、生産性と信頼性は向上した。どんなビジネスのどんな役割についても同じことが言える。

社員のイニシアチブが認められて成功すれば、その社員にはより多くの意思決定権が与えられる。各社員は、判断力、責任、イニシアチブ、経済的思考能力と論理的思考能力、会社に対する貢献度を最大化するために必要な緊迫感、会社のリスク哲学との整合性を示さなければならない。これを理念を持ってやることで、ＭＢＭの四番目の基本理念である理念を持った起業家精神を実践することになる。

あなたの会社の規模やタイプがどうであれ、企業内で価値創造を普及させるには、次のことが必要になる。①意思決定権を与えられるのではなく、継続的に獲得する、②権限がないことを行動を起こさないことの言い訳としない（特に会社が修正の必要な問題に直面しているときや、追求すべき機会に直面しているときはなおさらである）。

問題を見つけ、率先してその問題の解決に当たる権限と責任はだれにもある。組織内における地位にかかわらず、すべての社員は意識を高め、解決策を提案し、問題を解決したり機会に取り組むのに必要なリソースの使用許可を得る必要がある。

重要な行動を取らなかったり、重要な知識を共有しない——これは共同責任の場合によく起こる——とすれば、ブリティッシュ・ペトロリアムの掘削装置の故障によって発生した悲劇のように、深刻な問題を引き起こしかねない。

ビジネスリーダー、運用管理者、コンプライアンスのスペシャリストたちが、だれかほかの人がやるだろうと考えて、政府に対する報告書を期限内に提出しなかったり、作成に不備があったりしたらどうなるかを考えてみよう。疑問があるときは、どの階級の社員も、立ち止まって、考えて、問うことが重要だ。

意思決定権のない人でも、起業家イニシアチブを持たなければならない。成功する起業家は、リソースの支配権がないからと言って思いとどまることはない。彼らは機会を見つけたら、投資家に新しいベンチャーに資金援助してくれるように説得する。もし投資家を説得できなければ、そのベンチャーを再構成して資金援助が得られるような形に変更する。それでも資金援助が得られなければ、おそらくは彼らは大失敗から救われたことになる。

意思決定権を持たない社員にも、資金援助を求める起業家と同じことが言える。意思決定権を与えられた社員でも、未熟なために厳しい審査プロセスから学ぶ機会を見逃してしまうこともある。

起業家のように、社員もイノベーションや改善の機会を見つけたら、そういったアイデアを実行できる権限を持った人を探すことが重要だ。こうすることで、彼らにも利益がもたらされるのである。

意思決定フレームワーク

コークでは、社員は知識の共有やチャレンジプロセス、ロジック、証拠を賢明に使うだけでなく、アイデアに対する承認を得るには「意思決定フレームワーク（ＤＭＦ）」を使うことも重要だ。

私たちは社員に彼らの意思決定能力を高めるのに役立ついくつかのツールを与えている。そのなかで最も重要なのは、意思決定フレームワークである。このフレームワークは、意思決定が小さいものであれ大きいものであれ、リスクを考慮したうえで最良の意思決定を迅速に行えるようにするためのものである。最良の結果を模索し、リスクを最適化する方法を見つけ、最良の代替策を発見し、その先の道筋に優先順位をつけるために最良の知識を使うことを促すのが意思決定フレームワークである。

意思決定フレームワークには八つのステップが含まれる（詳しくは左記を参照のこと）。これらのステップはどんなタイプの意思決定にも適用することが可能だ。それぞれのステップにどれくらいの時間と労力を使うかは、意思決定の性質と複雑さによって異なる。また、八つのステップのすべてに従わなければならないわけではない。すべてのステップが必ずしも付加価値につながらないケースもあるからだ。知的な意思決定を行うのに必要なステップだけに従えばよい。

意思決定フレームワークの八つのステップは以下のとおりである。

一．求める権限を記述する。

二．バリュープロポジション（価値提案）の背景とサマリーを提示する。

三．目的のあらましを戦略的な適合性に基づいて説明する。

四．基本的なケースの経済性の概要と、プロジェクトをさらに良くするか、悪くする可能性のあるシナリオを提示する。

五．価値を左右する因子（バリュードライバー）を特定する。

六．重要なリスクとその軽減策を説明する。

七．代替案をリストアップし、なぜ提示した代替案がベストなのかを説明する。

八．将来的なステップの予定表を提示する。


工場を稼働し続けるのに必要な一〇〇万ドルの熱交換器の交換についての意思決定例を見てみよう。もしこの意思決定が一〇億ドルの買収と同じように扱われれば、フレームワークが誤用されたことになる。熱交換器の意思決定プロセスに必要なのはステップ一とステップ二だけで、必要な資金を正当化し、利益を説明するのには一パラグラフもあれば事足りる。健全な意思決定を行うには、必要以上のステップを含めてプロセスを複雑にしないようにすることが重要だ。

必要以上に複雑にしてしまうと時間のムダになるだけでなく、イニシアチブやイノベーションに対する意欲が失われるため、利益の出る意思決定の妨げになる。意思決定を遅らせ、負担のかかるものにしてしまえば、機会は失われる。

前にも述べたように、完璧主義は進歩の敵である。万人の同意を取り付けたり、起こり得るあらゆる問題を予測して解決しようとしたりすることで、時間とリソースをムダにしてはならない。意思決定フレームワークでは、詳細さや分析は十分な情報に基づいたうえでの意思決定に必要な限度を超えてはならない。重要なのは、意思決定を左右する重大な推進要素とリスクである。意思決定フレームワークの検閲者は、前提や重大な推進要素が適切に認識されチャレンジングされたことを確認するのに必要な知識、考え方、経験――そして、勇気――を持った人に限定すべきである。

意思決定の落とし穴

意思決定フレームワークと意思決定全般を効果的に行うには、意思決定の落とし穴を避けなければならない。物事を判断するとき、すべての人間を悩ます予測可能でシステマティックな過ちというものがある。私たちが経験した最もよく発生するバイアスは以下のとおりである。

●**自信過剰**　予測能力を過信すること。これまで、ダウンサイドを過小評価したために、起こり得るあらゆる結果を考えることなく、悪い投資をしてしまったり、アップサイド（例えば、コモディティー価格の下方や上方への劇的な動き）を過小評価したために、魅力的な機会を逃してしまったりしたことがあった。運用はすぐに大きく改善することができるといった信念もまた自信過剰の一形態である。特に、経験の少ない、あるいは経験したことのないものに対する信念は自信過剰以外の何物でもない。

●考え方を偏らせ、間違った結論に導くような形で疑問を投じること　これは、投資額と対照比較すべき基本ケースを最適化しないことで発生することが多い。私たちはかつて、年に一〇〇万ドルの損失を出しているシンガポールのインビスタの工場を改善するのに一億ドル投資したことがある。当然ながら、工場は改善され、年に五〇〇万ドルの純利益を上げるようになった。しかし、私たちは一億ドル投資する代わりに工場を閉鎖することを考えただろうか。考えなかった。私たちは閉鎖することを考えるべきだった。私たちはほかの会社と同じように、基本ケースの最適化ということを忘れていたのである（結局、この工場は閉鎖されたため、一億ドルの投資はムダになった）。

●アンカリング　無関係な情報や最初の印象が意思決定に過当な影響を及ぼすこと。例えば、会話のなかでリーダーが最初に強い意見を述べることなどがそうである。また、天然ガス価格は一〇〇万ＢＴＵ当たり五ドルを下回ることはないとする先入観を持てば、重大な事実を見逃しかねない。

●現状維持バイアス　変化やイノベーションを嫌い、これまでとは違ったことをやりたがらない傾向のことを言う。ＩＢＭはメーンフレームにこだわりパソコンを積極的に開発しようとしなかったため、このワナにはまった。

●サンクコスト効果　これは将来的な見通しよりも過去のコストに基づいて意思決定してしまうことで、経済的な現実が反映されない意思決定をしてしまうことを言う。「この研究プロジェクトは失敗に終わったが、費やした時間とお金を考えると、もうひと押しやってみるべきだ」はサンクコストの一例だ。

●情報バイアス（確証バイアス）　信念を支持する情報ばかりを集め、反証する情報を無視する傾向のことを言う。一九九〇年代中ごろの「ガスからパンへの拡大」キャンペーンのとき、私たちはピュリナミルズを買収して大きな損害を被った。やみくもな買収から深刻で避けられない損失が発生することを、私たちは無視してしまったのである。

●直近バイアス　例えば、持続不可能な利ザヤのように、記憶に残る直近のイベントに過度に影響されることを、直近バイアスと言う。直近バイアスがあると、将来的な見通しを考えようとせず、私たちが今長期サイクルのどこにいるのかを忘れてしまう。例えば、私たちは一九八〇年代に、石油ブームが続くと信じて石油掘削装置を買ったが、原油価格が暴落したためにムダな買い物になった。

●ランダムなイベントとパターンとの混同　将来のイベントは実際には予測不可能なのに、予測できると信じてしまうことを言う。一例としては、気候の変化のバラつきを無視して、天然ガスの需要が毎冬同じように伸びることを想定してしまうことが挙げられる。

●リーダーが過去に却下したために、社員が将来的な良い機会の追求をやめてしまうこと　一九七〇年代、莫大な損失が出たために海運業を閉鎖したあと、そのビジネスに対するアプローチを私が激しく非難したために、社員は委縮し、船舶の将来的な機会を追究しなくなった。

●保守主義バイアス　社員の個人的なリスク回避によってコークにふさわしいリスクをとらなければ、彼らは価値を最大化していないことになる。

こうしたバイアスを防ぐには、まずは「気づく」ことである。したがって、まずは組織に対して大きな問題を引き起こした要因を突き止め、すべての意思決定を調査することを最優先させ、将来的にこうしたバイアスに陥らないようにすることが重要だ。

分業

社会において人々を幸せにするための基本的要素は、分業と協力である。仕事の専門化と交換は、自己満足した個人が単独で働くよりも、人々のニーズを満足させるのにより効果的である。世界人口が増加したにもかかわらず、世界の生活水準が大幅に向上したのは分業のおかげである。

分業のパワーは私たちの人間としての多様性と人間性の無限の多様性によってもたらされるものである。分業は私有財産と市場によって可能になる。仕事の専門化と交換のメリットは、学習曲線と規模の経済によってもたらされるだけでなく、スキル、知識、文化、インフラ、地形、天然資源、土壌、気候の多様性によってももたらされる。すべての人があらゆる点で同じであり、地球の各部分もあらゆる点で同じであれば、分業のメリットはなくなるだろう。しかし、価値観、知識、スキル、環境が同じ人はいないので、組織内で同じような役割を担っている社員でも、異なる種類の異なるレベルの意思決定権を持つべきである。また、私たちのビジネスも比較優位性も進化し、良い意思決定をしたり悪い意思決定をしたりするので、意思決定権は時間とともに変化すると考えるべきである。

意思決定権はダイナミックなプロセスで、意思決定をするのに最もふさわしい人が意思決定をすべきである。意思決定は地位の高い人が行うべきだと考える会社が多すぎる。しかし、これはその人が意思決定をする比較優位性を持っている場合だけである。トップダウンの文化を築いてきた会社にとって、このメンタリティーを変えるのは非常に難しい。

役割・責任・期待

NFL（全米ナショナル・フットボールリーグ）チームは意思決定を個人に委ねることでう

まくいっている。これは多くの会社（特に現場）と異なる点だ。それはコーチが各プレーヤーの能力に基づいてゲームプランを立てることから始まる。

もしその選手がクオーターバックとして素晴らしいポケットパッサーで、良いオフェンスラインマンで、優れたレシーバーだとすると、彼はほとんどの時間帯でパスすることを選ぶだろう。もし彼が優れたパスラッシャーなら、もっとアグレッシブにデフェンスをするだろう。もしもっと速く走れてうまく逃げることができる新しいクオーターバックが登場したら、彼は自分の役割を見直し、ランニングオプションをもっと増やすだろう。もしガードがランブロッキングよりもパスブロッキングが得意なら、クオーターバックから見えないサイドでのタックルに変更するだろう。NFLの顔ぶれは、ケガやトレードなどによって常に入れ替わるため、コーチは個人の役割を常に再評価しなければならない。

しかし、注意しなければならないのは、「役割と肩書は違う」ということである。役割とは、個人が行う仕事とその機能を表すものである。役割は、ビジネスの性質、組織のビジョン、戦略、その戦略を実行する個人の比較優位性によって決めなければならない。役割は各社員が最大の価値を創造できるように、比較優位性に合うように決めるべきである。

多くの会社では、役割は伝統的なタスクのグループ分けによって決められ、その役割に合うと思われる人がその役割を担う。その結果、三分の二の社員は能力に合った役割を割り当てられるが、残りの三分の一の社員は能力に合わない役割を割り当てられる。

もし私がオペラの会社の社員で、ビジネスマネジャーとしての役割を与えられたとすると、私はうまくやっていけるだろう。しかし、テノールがやめたので私がテノールの代わりを務めることになったとすると、私はうまく歌えないので悲惨なことになるだろう。私には音楽の才能がないので、何百時間も歌のレッスンを受け、何十回もコーチの指導を受けても、私が歌がうまくなることはない。私はやる気をなくし、苦しみを与えられるばかりで、会社が倒産の危機に瀕するのは言うまでもなく、私は観客に腐ったトマトを投げつけられるかもしれない。残念ながら、これが役割の割り当ての実態だ。これは四角いくいを丸い穴にはめようとするようなものである。

社員の役割・責任・期待（RR&E）を決めるとき、型にはまったアプローチではうまくいかない。なぜなら、それは個人の比較優位性を無視しているからである。役割・責任・期待は、仕事と義務の一般的な概要を述べた従来の職務記述とはまったく異なる。各社員の役割・責任・期待は、価値創造を最大化することに重点が置かれ、その社員の比較優位性と機会を反映したものでなければならない。

各役割は各個人の能力に合うように決めなければならない。マズローが述べているように、人はその役割がチャレンジングなものであるときに最高のパフォーマンスを見せるが、圧倒され、敗北感を感じるほどのものであってはならない。どの階級の管理職も、各役割はそれを行っている個人の能力に合っているかどうかを定期的に見直す必要がある。

役割を再設計したあとでも、その役割に合う能力を持った社員が今現在存在しないときは、その役割に合うような人を新たに雇う必要がある。しかし、だれかが辞めて、新しい人が入ってきたときには、役割は比較優位の新しい組み合わせにマッチするように最適化し直さなければならない。

リーダーが役割を割り当てるときに比較優位という概念を無視したために、最悪の問題が発生したことが何度かある。数十年前、コークがまだ石油精製所を一つしか所有していなかったとき、原油のほとんどはカナダから供給されていた。その石油精製会社の供給・輸送担当のヘッドには直属の部下が三人いた。原油の購入担当者、トラックでの原油の集油担当者、パイプラインでの原油の集油担当者の三人である。

三人とも業績は良く、石油精製所には原油が効率的に供給されていた。しかし、供給・輸送のヘッドと彼らの意見が合わず、ヘッドは原油の購入担当者とトラックでの集油担当者の仕事を入れ替えてしまったのである。二人とも新しい役割にまったく合わなかった。

原油の購入担当者はすぐに会社を辞めて自分の会社を設立し、私たちが購入していた原油のうち一日二万バレルを代わって購入し始めた。彼を会社に呼び戻すために、私たちは彼の会社を七〇〇万ドルで買うはめになった。そんな失態を演じたあと、供給・輸送担当のヘッドは会社を辞めた。これはすべて比較優位性を無視したことで引き起こされたことである。今ではこんな状況が起こる余地はない。

コークでは役割・責任・期待を責任の所在を定義するのに使っている。任意の役割において責任を持つということは期待が伴うことを意味する。同じような役割、責任、期待の二人がいたとすると、意思決定権は異なるかもしれない。権限は役割・責任・期待とは無関係に決められる。なぜなら、一方の人のほうが意思決定が得意かもしれないし、ほかの意思決定に長けているかもしれないからである。

意思決定や行動の結果（良い場合もあれば悪い場合もある）に対して責任を持つとき、説明責任が発生する。コークでは、意思決定を行う人と権限を委任された人が説明責任を持つ。この方法を採ることで、オーナーシップ、説明責任、適切な権限委任の文化が醸成され、怠慢、権限の放棄、非難を避けることができる。組織が効果的に機能するためには、どういったイニシアチブも、明確な責任を持ち、結果に対して説明責任を持つ当事者意識のある人が必要だ。

役割・責任・期待は、部下・上司・利害関係のある関係者の間で常に会話することが必要だ。各社員は自分の役割・責任・期待が現在の能力にマッチし、明確で効果的であることを確認する必要がある。上司も部下も、役割・責任・期待が彼らのビジネスやグループのビジョンを高めることに対して、社員が最大の貢献ができるようなものであることを確認する必要がある。上司は部下に対して正直なフィードバックを頻繁に与え、パフォーマンスをチェックして、部下が期待に合ったパフォーマンスを上げられるように手助けしなければならない。

個人のパフォーマンスはそれぞれに大きく異なるため、個人の権限のレベルもそれぞれに異なる。新しく雇用されて実力がまだ分からない社員は、新卒採用者か、買収した会社のベテラン社員かとは無関係に、意思決定権はあまり与えられないのが普通だ。在職期間や資格や肩書は、良い意思決定をする能力があるかどうかを示す信頼のおける判断材料にはならない。重要なのは、良い意思決定を行うことができる能力を示すことである。ただし、その良い意思決定能力はその特定のタイプの意思決定にだけ有効なものであることを忘れてはならない。

各社員の役割・責任・期待とそれに付随する権限を定義し、継続的に更新するプロセスは、正しく行えば、その会社にとっても社員にとっても莫大な利益を生む。正しい役割・責任・期待は優先順位を明確にし、個人の当事者意識・責任・説明責任の健全な基盤・結果に基づく報奨金のスコアボードを根付かせることができる。

またこのプロセスは、組織の成員の間で比較優位性が変わることに社員に気づかせることができる。このプロセスは、各社員を、彼らが携わるビジネスのビジョンと戦略に結びつける重要な役割も果たす。このプロセスは、社員の能力目標と事業部門の目標を最も利益を上げながら達成する行動に重点が置かれるものである。

最も重要なのは、このプロセスは健全で付加価値のある意思決定を行う会社の能力を継続的に向上させることができるという点である。このプロセスは社員に彼らが時間をどのように使っているかを記録させることができるため、限界効用分析と機会費用の概念を使うことを奨励するものでもある。彼らが行った最も価値ある行動と価値のない行動をチェックすることで、最も利益の出る行動に焦点を当てることができ、機会費用の低い人にはあまり利益の上がらない仕事をさせることができる。

役割には一定の責任が伴う。製品、サービス、資産、行動は、その役割に最もふさわしい人に割り当てられる。こうした責任には、役割・責任・期待の三番目の要素である期待が付随する。

ここで言う期待とは、そのビジネスが目標を達成するに当たり、各社員に要求される結果を書き記したものである。期待は明確で、具体的で、できれば測定可能なものにするのがよい。期待は、望む結果を生みだすために必要な行動ではなく、望む結果に焦点を当てるべきである。

期待は、どういったことに貢献できるかについての社員のビジョンを拡大できるように、変更可能で、チャレンジングなものでなければならない。つまり、社員は実験とイノベーションを行うことが奨励されるということである。

優先順位や期待に関しては、部下と上司（と関係する人はだれでも）の間で明確に理解しておくことが重要だ。期待は測定可能なものほど意味を持つ。たとえその指標が主観的でおよその値であっても、である。

期待は、ともすればオープンエンド形式（満杯にできる貨車の数を、安全で、規格に準拠し、利益が出る範囲内でできるだけ多くするように）で書かれるよりも、クローズドエンド形式（六七の貨車に貨物を毎日満杯にしなければならない）で書かれる傾向がある。

クローズドエンド形式ではイノベーションは生まれないが、オープンエンド形式だと社員に考え、関与させ、イノベーションを起こさせる。オープンエンド形式は創造力を刺激するため、価値創造は増加の一途をたどる。次章の「インセンティブ」では、モチベーションの重要さについて見ていく。

第10章 インセンティブ――正しい行いを促すための動機づけ

「今は生きるための手段を持っている人は増えているが、何のために生きるのかが分かっている人はいない」

――ヴィクトール・フランクル（ヴィクトール・E・フランクル著『「生きる意味」を求めて』［春秋社］より）

七九歳にして毎日九時間をオフィスで過ごし、家に帰って運動をしてリズと夕食を取ったあと、再び仕事をする。なぜこんなことをする必要があるのか。これは住宅ローンのためではない。子供たちはみんな成長して、学業も終え、結婚しているので、学費のためでもない。

私はけっして禁欲的な生活を送っているわけではない。でも、有形財を集めたり、大金を蓄えたりすることは私にとって働くインセンティブにはなり得ない。

私がこれほどハードに働くのは、意味のある生活をしたいから、つまり充実した人生を送りたいと思うからである。私は人とは違った生き方をするために最善を尽くしたいのである。生きがいのない人生を生きるくらいだったら、死んだほうがましだ。良い利益――政治的手段ではなくて経済的手段によって得られる利益――を生むことは、人々が私の貢献度を測る指標である。良い利益を生むことが私のインセンティブの一つであることに疑いの余地はない。

CEO（最高経営責任者）は高い給料をもらいすぎていると文句を言う人が多い。企業助成政策によって利益を得ているCEOの場合は、私もそう思う。しかし、良い利益は私たちのだれにとっても利益になるのに、人はなぜ良い利益を制限してしまうのだろうか。利益が理念を持った起業家精神――つまり、経済的手段によって長期的な価値を創造すること――によって生みだされれば、企業の利害は顧客、サプライヤー、コミュニティー、社員、社会全体の利害と一致する。

企業は、その企業にとっての長期的な価値を理念を伴う方法で最大化するために、各社員にその能力を十分に発揮させるインセンティブを与えなければならない。市場ベースの経営（MBM）は社員の役割・責任・期待に独断的な制限は設けず、社員が得ることのできるものにも制限は設けない。唯一制約があるのは、社員が理念を持った起業家精神で創造する価値だけである。

MBMの五つ目の要素は、インセンティブを非生産的ではなく、有益な方法で与えるにはどうすればよいかである。利益には良い利益と悪い利益があるように、インセンティブにも有益なインセンティブと間違ったインセンティブがある。コークでは、社員が会社のために優れた価値を創造すれば、創造した価値に応じた報酬を与える。

私は若いころ、ソビエトでの父の経験話を聞いたが、それは今でも鮮明に覚えている。父の話を聞いて、私は人生の早い時期に――特に、ソビエトが数十年後に崩壊したのを目の当たりにしたとき――インセンティブの重要さを痛切に感じた。

皮肉なことに、利益は窃盗だと言ったウラジーミル・レーニンでさえ、望む結果を得るのにインセンティブを使った。ロシア革命のあと、レーニンは国に穀物を固定の低価格で売ることを農民に強要した。農民がためらい始めると、彼は赤軍を派遣して彼らから穀物を奪った。これは大きな抵抗を巻き起こし、穀物生産はまったく増えることはなかった。

無理強いではうまくいかないことをレーニンでさえ感じた。「ロシアの社会主義革命を成功させるには、農民と合意するしかない」と彼は一九二一年の共産党大会で言った。そして、レーニンは新経済政策を打ち出した。それは農民に市場価格で穀物を売ることを許可するものだった。この政策はスターリンの時代まで続いた。

有益なインセンティブを持つ社会――最大の価値創造に報酬が与えられる社会――では、最大の幸福があまねく行き渡った。一方、間違ったインセンティブを持つ社会では、ムダと腐敗が横行し、市民の大部分が貧困にあえいだ。

フランク・ディコッターは『ザ・トラジェディ・オブ・リベレイション［The TragedY of Liberation］』のなかで、毛沢東が一九五〇年代にネズミの個体数をコントロールしようとしたことについて次のように書いている。「人民は当局に納品するネズミのしっぽの割り当て量が決められると、齧歯動物を繁殖し始めた」（フランク・ディコッター著『ザ・トラジェディ・オブ・リベレイション』［二〇一三年］より）

多くの企業は、自由社会の有益な起業家的インセンティブを複製するのではなくて、官僚的でワンパターンのポイント制や給与等級、細かい公式、利益の分配、賃金の物価スライド制（COLA）に依存している。しかし、これらは毛沢東のネズミの割り当てと同じように、社員に間違ったことをする動機を与えるものでしかない。

例えば、会社が価値を創造する行動ではなくて、マネジャーという役割に対して報酬を与えれば、社員はみんなマネジャーになりたがる（そして、自分が管理する社員の数を増やしたがる）。たとえ人をリードするのが苦手な人でも。私たちのアプローチでは、社員が上司よりもより多くの価値を創造すれば、肩書とは無関係に、上司よりも多くの報酬が与えられる。これはトップパフォーマーがコーチよりも高い報酬をもらうプロスポーツの哲学と同じである。

階級制の文化に慣れているリーダーにとって、これは飲み込むのがつらい薬のようなものだ。また、結果よりも肩書や在職期間で報酬が決められることを期待する人にとっても心地の悪いものだ。私たちの経験から言えば、私たちの報酬哲学を受け入れがたい企業文化はチャレンジも受け入れようとしない。どちらも彼らの現状体制を脅かすものだからである。

コークの社員は会社に対してプラスの貢献をしたいと思い、会社や顧客や社会に対して彼らにできる最善のことをする。第7章で述べたように、私たちが社員を選ぶとき、彼らの価値観と信念に基づいて選ぶのはこのためである。企業の多くは、価値観や信念についてはあいまいで、社員を雇用するときの厳密さにも欠けるため、価値観や信念に基づいて社員を効果的に選ぶことができない。

さらに悪いことに、企業の多くは、長期的な価値を「損なう」ような社員に報酬を与える。肩書や免許、出身大学、年功制、経験に基づく自動昇給（例えば、ＣＯＬＡ）や給与方式などがそうである。これらは官僚的であるばかりでなく、やる気と価値創造を破壊するものだ。個人によって創造された価値に応じたボーナスではなくて、グループや会社の予算に応じたボーナスもそうである。こうした間違ったインセンティブに長期にわたって抵抗できるのは並外れて優秀な特別な人物だけである。

コークが買収した会社では、予算に基づく報酬システムが、社員に利益の出る機会を次の予算サイクルまで先送りさせるといった非生産的な行動を取らせていた。こうしたシステムの多くは、個人ではなくて肩書に対して報酬を与え、同じような地位の人には同じような報酬を与えるといった給与体系を強要する。こうしたシステムでは、直属の部下の数、トレーニング・教育の成績証明書、仕事の複雑さ、権限レベルといった要素を方程式に入力し、任意の地位に対する推奨報酬レンジをはじき出す。

こうしたシステムはイノベーション、発見、起業家的な行動を通しての真の価値創造を阻害する以外の何物でもない。こうしたシステムは、帝国の建設、肩書を重んじるマインドセット、官僚的あるいは政治的行動、機会をとらえようとせずにリスクを避けるといった行為を助長する。

コーク・インダストリーズでは、役割や地位に対して報酬を与えることはない。特別な貢献をしたり結果を出した個人に対しては報酬を与えるが、平均的な結果に対しては報酬は与えない。共産主義を一言で言えば、「人はそれぞれの能力に応じて社会に貢献」し、「必要に応じて個人に再配分」するシステムである。しかし、ＭＢＭでは、「人はそれぞれの能力に応じて会社に貢献」し、「貢献度に応じて報酬が与えられる」。

自己実現する人々をやる気にさせる

心理学者のアブラハム・マズローは次のように言っている。「どんな人間も無意味な仕事よりも意味のある仕事を好む」

しかし、「経営をしていくうえで難しいのは、個人の目標が組織の目標と一致するように社会的条件をどう定めればよいかである」。彼はさらに続ける。「そのためには、意味のある仕事、責任、創造性、フェアであること、価値あることを行うこと、価値あることをうまく行うことを好むことが必要である」（アブラハム・H・マズロー著『自己実現の経営』［産業能率短期大学出版部］より）。

マズローは、自己実現を「個人が達成し得る最高レベルの満足度と幸福」と定義している。マズローの理論によれば、人が自己実現的になるためには、まずは彼らの最も基本的な要求が満たされなければならない。それは生理的な要求（のどの渇きや空腹感）、安全に対する要求（安心、安定性、保護、秩序）、帰属意識と愛に対する要求（家族、友人、受容）、尊重に対する要求（自尊心と他人からの尊敬の念）である。これらの基本的な要求が満たされてこそ、人は潜在能力をフルに発揮することができるのである。

自己実現する人にとって、仕事は自分自身をどう定義するかにかかわるものである。彼らは、価値のある理由で仕事をしている、あるいは良い会社のために働いている、そして自分自身だけでなく他人に対しても利益を生みだしていると感じたいのである。

「これらの基本的な要求がすべて満たされても、必ずとは言えないまでも、自分に合ったことをしていなければ、すぐに新たな不満がわき、落ち着かなくなる」とマズローは言う。「音楽家は音楽を作ることで幸せになるのなら音楽を作らなければならないし、芸術家は絵を描かなければならないし、詩人は詩を書かなければならない。人は自分の『できる』ことを『やらなければならない』のである。この必要性を自己実現と言う……自己達成したいという気持ち、つまり、自分の潜在能力を最大限に発揮することを自己実現と言う。もっと自分らしくありたい、自分がなり得るものになりたい、と言い換えてもよい」

自己実現の条件についてのマズローの理論は、私たちが社員をやる気にさせる方法を考えるうえで非常に役立った。マズローの定義にもあるように、自己実現している人々は組織が成功するうえで不可欠である。なぜなら、彼らは潜在能力を最大限に発揮するだけでなく、自分自身の性格も他人の性格も理解し受け入れるからである。彼らは現実から目を背けない。彼らは肯定的な情緒的反応を持ち、創造力豊かで、良い対人関係を築き克己して問題を解決する。

ＭＢＭは、一〇の基本理念のすべてを習得して体現する人々――真の価値を創造しようとする誠実で謙虚な人々――を雇用し、動機づけることで、自己実現する人々が自主的秩序を持つようになることを目指している。この目標を達成するうえで重要なのは、リーダーが部下の潜在能力と主観的な価値観を理解することである。社員を個人的によく知るために正直で開かれたコミュニケーションを築くことなしに、これを達成することは不可能だ。

うまくやった仕事を褒められるといった非金銭的なインセンティブが、金銭的なインセンティブと同じくらい重要な社員もいる。しかし、注意しなければならないのは、称賛が本物であることである。マズローが言うように、「褒めるに値しないことで褒められたり、成果が過度に誇張されたりすれば、罪悪感を感じることになる」（アブラハム・Ｈ・マズロー著『完全なる経営』［日本経済新聞社］より）

ウソの称賛は尊敬と信頼を裏切ることになる。これは社会で大きな問題になりつつある。特に、子供は参加してその結果に対して称賛されたり報酬を与えられたりするのではなく、参加するだけで称賛や報酬を期待するように条件づけられるようになった。私は偽りのフィードバックが効果的なインセンティブになるとは思わない。多くのリーダーは正直なフィードバックを与えるという難しい会話を避けたがる傾向がある。

コークのインセンティブ

金銭的なインセンティブであれ、非金銭的なインセンティブであれ、どんなインセンティブも、社員が価値を創造し、イノベーションを起こし、創造的破壊を推進する能力を十分に高めようという気にさせるものでなければならない。最適な報酬は正確に決めることはできないが、社員が創造した価値はできるだけ正確に測定することが重要だ。価値を正確に測定してこそ、どのような報酬が最も適切なのかやその額についての判断ができるのである。

コークでは、各社員の利害と会社や顧客や社会の利害を一致させるためにインセンティブを使う。私たちは顧客と社会のために価値を創造することで利益を得ることを目指しているため、社員には彼らが会社のために創造した価値に応じて報酬を与えるというのが私たちの哲学だ。この方法は、適切な人材を取得し、彼らに理念を持った起業家のように振る舞うように動機づけることができると信じている。

「会社のため」の価値創造が意味するものは、コーク「全体」を指しており、特定のグループや特定のビジネス、各社員の頭の中にある個人の得点表のためではない。もしNBA（米プロバスケットボール協会）のチームが得点したポイントだけに基づいてプレーヤーに報酬を与えたら、「自己中心的な」メンタリティーがはびこり、チームワークは壊れるだろう。

プレーヤーに有益なインセンティブを与えるには、プレーヤーのチーム全体に対する貢献度によって報酬を与えることが重要だ。プレーヤーの貢献度を測定するには、そのプレーヤーがコートにいるときといないときのチームのパフォーマンスを比べてみればよい。

私たちが行った大きな買収では、買収された会社のすべてで、MBMの理念と対立するインセンティブプログラムがはびこっていた。例えば、予算に合っているかどうかで報酬が決められ、各社員の差別化が図られることはなく、利益や将来予測が低下してもインセンティブによる報酬を減らさないといった、高度に構造化された型にはまったシステムがそうである。

例えば、ジョージア・パシフィックでは、インセンティブは予算に合うかどうかに結びついていた。たとえ、予想収益と予想費用の差（＝予想利益）が非常に低いことがビジネスリーダーと経営陣の間で協議されていてもである。給与は個人の貢献度ではなくて、地位と給与等級によって決められていた。たとえどんなに貢献度が高くても報奨金には上限があり、またどんなに成績が悪くても報奨金はゼロにはならなかった。

今ではジョージア・パシフィックのインセンティブは、コークのほかの会社同様、個人の貢献度と成果によって決められるようになった。これによって社員の成績は大幅に向上し、それに伴ってジョージア・パシフィックのビジネスパフォーマンスも上がった。

ボーナスは肩書や在職期間ではなく、限界貢献度に応じて支払われている。これで差別化を図ることができるようになった（労働組合に入っている従業員もそうである）。すべてのインセンティブは長期的な価値に対する貢献度を考慮したものになっている。基本報酬は、当然もらうべきものというよりも、貢献に対する支払い総額の前払い金とみなされる。

インセンティブを意図されない悪影響を避けて生産的な行いを引き出すように構築するのは非常に難しい。インセンティブは何が最も評価されているかを示す指標となるだけでなく、社員に理念に沿って価値を創造しようという気にさせるものでなければならない。

個々の社員が何を最も高く評価するかは非常に主観的であり、金銭的要素と非金銭的要素を含むものである。非金銭的なインセンティブには、自分がやっていることを信じること、チャレンジ、競争、プライド、認識、満足感、喜び、他人の成功を手助けする、成功するチームの一員になる、将来的な機会へとつながる人としての成長などが含まれる。

企業は、金銭的なインセンティブと非金銭的なインセンティブとを組み合わせて、社員にやる気を出させる必要がある。モンタナにある私たちのビーバーヘッドランチがその良い例である。カウボーイたちはただお金のために働いているのではない。彼らは家族と一緒に働けるというライフスタイルを高く評価しているのである。ランチでコネによる採用は行わないという原則を撤廃したのはそのためである。それどころか、私たちはランチの所有地に各家族の家を建てた。私たちがこのインセンティブを採り入れてからは、ランチにはより有能でやる気のある人たちが集まってくるようになった。

MBMでは理想的なインセンティブは、各社員が仕事を通じて会社に対して生みだす価値を最大化するように彼らをやる気にさせるようなものでなければならない。報酬はできるだけ各社員の主観的な価値観に合わせて調整し、かかるコストを勘案したうえで社員にとって最大の価値を提供するようなものでなければならない。

コークの報酬理論は適用するのが簡単な公式ではないが、要点は、コークの企業としての価値が年間でどれくらい上昇したか――その年の収益だけでなく、将来的な見通しの変動も加味する――を予測することで、まずは各社員の貢献度を決めるということである。これをある程度の正確さで決定したら、次にその価値の上昇に対する各社員の貢献度を予測し、その社員の貢献度を予測することの難しさと、それに必要なスキル不足も考慮したうえで、報酬をその貢献度に応じてその社員に支払う。報酬の総額から基本報酬を差し引いたものがインセンティブになる。

コークの規模と複雑さを考えると、これらを正確に決めるのは不可能である。そこで私たちは次に示すステップに従いながらできるだけ正確な概算値を計算する。

●経常利益とROC（資本利益率）、能力の変化、競争力、イノベーションと成長イニシアチブのリスク調整済み価値（これは将来的な利益予測になる）を考慮したうえで、その社員の事業部門あるいはサービスグループによって創造された価値を計算する。

●その事業部門が創造した価値に対するすべての社員の貢献度（プラスの場合もマイナスの場合もある）を査定したあと、その貢献度とその社員が基本報酬を稼ぐのに必要な貢献度を比較する。その社員の実際の貢献度が基本報酬を稼ぐのに必要な貢献度を上回っていれば、その差に応じてその社員にはボーナスやそのほかのインセンティブを与える。

●その社員がかかわったコンプライアンスまたは環境・労働安全衛生（EH&S）問題を差し引く（もし問題が深刻であれば、その社員の報酬はなくなることもある）。また、その社員がその事業部門の文化にプラス（またはマイナス）効果を与えた場合、報酬は上乗せされる（あるいは減額される）。

インセンティブは、その社員の貢献度や必要な改善について私たちが伝えたいメッセージと一致するように、あるいは強化するように調整される。このインセンティブがその社員のやる気を出させるためには、上司がその論拠を社員に明確に伝える必要がある。

MBMを機能させるためには、完璧ではないにしても方向的に正しいインセンティブが不可欠である。方向的に間違ったインセンティブを与えれば、間違ったメッセージを伝えることになり、社員の士気は下がる。企業全体を通じてリーダーが数字を正しく理解するとともに、論拠をしっかりと伝えることが重要なのはこのためである。

動機としての不満

金銭的な報酬はパワフルなインセンティブではあるが、社会の幸福を向上させるインセンティブを構築するにはそのほかの要素も重要になる。ルートヴィヒ・フォン・ミーゼスは、人間を動かすためには三つの条件が必要だと言った。①現状に対する不満、②より良い状況を思い描くこと、③その良い状況に到達することができると信じること。これらのうちのどれか一つでも欠ければ、人は動かない。

このモデルを採用することで、私たちはジョージア・パシフィック（GP）の製造工場の多くを再構築することに成功した。ジョージア・パシフィックの工場には、運営方法や人員の配属方法の問題によって利ザヤが縮小しているという不満があった。ジョージア・パシフィックの当時のやり方では米国の鉄鋼大手や自動車大手と同じ運命をたどることになることを認識した私たちは、最もコスト効率の高い会社（大手とは限らない）のコストとやり方を基準にすることで、より良い状況を模索し始めた。その基準によってそういった会社とジョージア・パシフィックのコストの違いを見つけだし、その原因も特定することができた。もっと良い状況にするために、私たちは工場の構成を変えるとともに、雇用・配属・報酬制度を見直した。社員の競争力の欠如という事実を共有することで、ジョージア・パシフィックのリーダーたちは現場労働者に配属や給与体系を変える必要があることを認識させることができた。

長期的な競争力を生む文化を発展させるというのが目標であれば、もっと良い状況を生みだすために、企業は社員に適切な責任を与える必要がある。責任を与えすぎれば、社員は失敗して、やる気をなくす。責任を与えなさすぎれば、社員は学習し、成長し、精力的に活動するというチャレンジ精神はなくなり、企業は各社員の能力を十二分に引き出すことができなくなる。

私たちがリーダーに求めることは、社員が自由に考え、アイデアや知識を自発的に使ってより良い状況に達することができるように、社員を導き、チャレンジを促すことである。私たちの経験から言えば、社員を成長させるには正統的周辺参加（徒弟制度）が効果的だ。コークではこのモデルには四つの段階がある――①私がやってあなたが見る、②私がやってあなたが助ける、③あなたがやって私が助ける、④あなたがやって私が見る。

企業にとって重要なのは、ミーゼスのヒューマンアクション・モデルの三つの条件をすべて満たすことである。これらの条件を満たすことができない企業は、怠惰（たくさんのしっぽの白いアンテロープ［人と同じことをやる］）の文化を作りだすことになる。理念を持った起業家精神の文化を通じて創造的破壊を推進する企業は、どうすれば価値を創造できるかというビジョンを提供し、タイムリーな意思決定を促し、社員に適切な報酬を与える。

インセンティブの一致

有益なインセンティブは社員にやる気を出させ、創造性を発揮させ、他人のために価値を創造することを促す。そして、それによって社員自身も利益を得る。

しかし、インセンティブの目的はこれだけではない。しっかりとした意図を持ち、やる気のある人々が成功を目指すときでも、時間と労力をどこにどのように集中させればよいのかという問題に直面する。成功する起業家は、最も生産的な行動方針を決めるのに、市場のインセンティブを使う。これと同じように、雇用主は従業員をその能力、関心、労力が最大の価値を創造できる分野に導くと同時に、彼らをより自己現実的にするようなインセンティブを使わなければならない。

インセンティブを成功させるには、社員の個人的な利害と会社の総体的な利害が一致しなければならない。結果がその社員にとって良いものであれば、それは会社にとっても良いものでなければならない。逆に、結果がその会社にとって悪ければ、その社員にとっても悪いものになる。

これはコンプライアンス全体に対して言えることである。ビジネスをこれと逆の方法でやれば悲惨なことになる。全社員（特に経営にかかわる者）にコンプライアンス問題が発生する分野で責任を持たせ、それに応じて報酬を与えるようにすると、私たちのコンプライアンスプログラムの効果は劇的に向上した。

何年も前の話だが、子会社のマネジャーにコンプライアンスの重要性を口が酸っぱくなるくらい説教したにもかかわらず、彼は州政府に納入するアスファルトの要求された試験を行う必要はないと判断した（彼はこの分野で何十年にもわたる経験があった。時として長い経験は、自己満足と傲慢につながり、経験がないことより危険なこともある）。これを知った私たちは彼を解雇し、州に問題を正直に話し、コンプライアンスを監視するもっと効果的な方法を開発した。

コンプライアンスの重要性は十分に言ったつもりだったが、説得力が足りなかったことを私は実感した。そこで私はそのグループのリーダーを呼び出し、それがどのような経緯で発生したのか、この問題を将来的に回避するにはどうすればよいかを考えさせた。このリーダーは、そのマネジャーのことは知らなかったので、それは避けられなかったと主張した。「あなたに説明責任を持ってもらわなければ、だれに持ってもらえばいいのですか。だれを雇い、だれを解雇するのか、そしてあなたのグループのシステムと文化はあなたが管理し、責任を持たなければいけません」と私は言った。

こんなやり取りのあと、私たちはリーダーのボーナスをその責任の程度に応じてカット、あるいはなしにすることを明らかにした。つまり、リーダーは彼らの組織のコンプライアンス、安全性、環境問題のすべてに責任を持ち、問題が発生すれば、報酬は大幅にカットされるということである。どれくらいカットされるかは、その問題の深刻さによって異なる。

リーダーたちは彼らの報酬が大きく減らされたり、役割が変更される可能性があることを認識すると、コンプライアンスと環境・労働安全衛生に以前にも増して真剣に取り組むようになり、その結果、会社の業績は劇的に向上した。もし社員たち（特にリーダー）に結果に対して説明責任を持たせずに、業績にかかわらず同じ報酬を与え続ければ、すべてのシステムが弱体化する。

目的がコンプライアンスを向上させることであろうと、ＲＯＣを上昇させることであろうと、何であろうと、インセンティブの第一の目標は、個人の利害と会社の利害を一致させることにある。これによって各社員が正しいことをやろうとする気持ちを強化させることができ、その結果、会社は繁栄する。

第二の目標は、報酬を、同じ社員は二人としていないという概念に基づいて与えることである。したがって、報酬は彼らの貢献度によって大きく違ってくることになる。ビジョン、希望、価値観、能力は社員一人ひとりによって異なるので、価値を創造するための無限の機会をどう利用するかも大きく違ってくる。同じような仕事をしている二人の従業員の報酬が異なるのはこのためである。

第三の目標は、社員の報酬に限度を設けないことである。したがって、社員も創造する価値に限度を設けることはない。最後に、インセンティブは会社が理念を持った起業家を引きつけ、彼らにやる気を出させるように構成しなければならない。

これらの目標は、会社の長期的な価値に対する貢献度――経常利益に対する貢献だけでなく、複数年にわたるリサーチプロジェクトのようにすぐには利益が出ない機会をとらえたり、能力を向上させたり、私たちの文化を向上させたりといった貢献に対しても――に応じて報酬を与えることで達成することができる。同様に、結果の出ない活動には報酬を与えないことで、社員の行動を正しく導き、社員に正しいことをやろうという気にさせることができる。

個人の利害と会社の利害を一致させるためには、利ザヤや利益が上がれば報酬を上げ、上がらなければ報酬を下げることが重要だ。例えば、今年の利益が二〇％上昇（将来的な見通しが下がることはないとする）し、社員の貢献度が昨年と同じだったとすると、その社員のインセンティブはおよそ二〇％上昇する。貢献度が昨年よりも増えたり減ったりした場合は、報酬はその増減度によって違ってくる。

どういったレベルであっても、報酬は各社員の貢献度を反映したものでなければならない。現在、そのビジネスで利益が出ていなくても、損失を大幅に減らしたり、将来予測を改善した社員には何らかのインセンティブは与えるべきである。例えば、会社が一〇〇〇万ドルの損失を見込んでいても、その損失を六〇〇万ドルに減らす方法を見つけた社員には、四〇〇万ドル節約できたことに対する報酬を与えなければならない。

良いリーダーは価値創造を広範囲で考える。社員はイノベーションを起こしたり、一つの機会をとらえることで価値を創造するだけではない。価値創造のプロセス全体がスムーズに進むように手助けすることでも価値を創造する。良いリーダーはこのことをしっかり理解している。例えば、ビジネス上の意思決定をタイムリーかつコスト効果の高い方法で導く有益な財務情報を提供することは、工場を正しく運営し続けるだけでなく、長期的な利益にとっても重要である。こうした能力はしっかりと認識し、報酬を与えるべきである。

インセンティブと失敗

新しい電池の開発実験に一万回ほど失敗したあと、トーマス・エジソンは「何の結果も得られなかったことは、恥ずべきことなのだろうか」と自問自答した。

「いいえ、私は多くの結果を得た。うまくいかない何千ということを見つけたのだから」（ジョナサン・ヒューズ著『ザ・バイタル・フュー［The Vital Few : The Entrepreneur and American Economic Progress］』のなかで引用）と彼は答えた。

ちょっと困惑するかもしれないが、失敗と結果を得ることは互いに矛盾することではない。社内で実験による発見を推進しているとき、失敗は望ましいことではないが、失敗は必ずあるものだと考えるべきである。ときには今日得られた肯定的な結果は、昨日失敗した実験から得られることもあるのだ。アインシュタインは次のように言った。「失敗とは成功へ向かっている状態である」（ザック・カトラー著「フェイリヤー・イズ・ザ・シード・オブ・グロース・アンド・サクセス［Failure Is the Seed of Growth and Success］」のなかで引用）

だからと言って、組織は失敗に対して報酬を与えるべきだと言っているわけではない。私たちはときには失敗もあると考えなければならないが、失敗はできるだけ避けるように努力すべきである。失敗から学ぶことに加え、「どういった」失敗をしたのかも学ばなければならない。失敗が慎重に考えなかった結果として生じたのか、つまり衝動的な行動から生じたのか、あるいは、よく設計された実験や賭けのように賢明なリスクテイキングから予期しうる範囲内の失敗なのかを見極めなければならない。

企業がインセンティブを設計するとき、異なるタイプの失敗は異なるものとして扱わなければならない。私たちは、よく設計された計画が失敗したとき、不当なペナルティーを与えることはしない。パワフルな発見や学習を生みだす可能性のある、頻繁に行う小さな賭けのエンジンに燃料を注ぐのが私たちのやり方だ。これはイノベーション、成長、長期的な利益にとって非常に重要なことである。

適切な実験を推奨するとき、利益はすぐには得られないことを私たちは認識している。したがって、インセンティブはコークのほかの部分に対して創造される価値ある知識と同様に、商業化に向けた進歩に対しても報酬を与えるように設計しなければならない。

　創造された価値に対して報酬を与えるべきだというのが私たちの基本的な哲学ではあるが、商業化に向けた進歩もまた価値を生みだすのである。エンロンのような企業は、取引が行われた直後、利益が実現化する前に予想利益に対してボーナスが支払われていた。これが悲惨な行動を引き起こす要因となった。エンロンの社員は先を競って不透明な取引をしようと躍起になった。なぜならその取引によって大きな利益が見込めると言えばよかったからだ。これに対して、コークでは取引が完了した時点で、その取引の魅力に基づく前払い金として適切な報酬が与えられる。そして、その価値が実現したとき、さらなる報酬が支払われる。そのあとでほかの部署へ移動した人でその取引にかかわった人にも報酬が支払われる。

　インセンティブを組織内の枠を超えて一致させるのは非常に難しい（しかし、非常に重要なことだ）。コークでは、これには例えば、コーパスクリスティ石油精製所における燃料から化学物質への振り替えや、コーク・サプライ・アンド・トレーディングからフリント・ヒルズ・リソーシズへの原油の販売といった、コークの会社内、あるいはコークのさまざまな会社間の取引が含まれる。社内振り替えは、特定の事業部門ではなくて、コーク・インダストリーズ全体の長期的な価値を最大化するような方法で行われなければならない。振り替えを行うときには、特定の質と量に対する市場価格や買い手と売り手の機会費用を勘案しなければならない。こうした取引にかかわった社員の報酬は、全体的な価値をどれくらいうまく最大化したかに応じて支払われる。

限界貢献度

良い利益を得るためには、企業は社員が基本理念に忠実に従いながら、最大の長期的価値を創造するように動機づけるような報酬を社員に与えなければならない。この最良の方法の一つは、彼らが会社のために創造した価値の一部を報酬として支払うことである。これは起業家が社会に対して創造した価値の一部を受け取るのと同じ道理だ。報酬総額は彼らの全貢献度を反映したものでなければならない。

各社員の全貢献度（価値創造）の査定は、インセンティブを決定するうえでの基礎になる。リーダーは、どういった結果や価値がその社員の行動や判断に由来するのかを問わなければならない。その社員はアイデアを提案したり、行動を起こしたのか。そのビジネスによって価値が実現されたのか。他人にとって意味のある価値創造にその社員はどんな影響を及ぼしたのか。その社員の文化に対する貢献はプラスだったのか、マイナスだったのか。

社員の貢献度がどれくらいあったのかを調べるもう一つの方法は、限界効用分析である。社員の限界貢献度――つまり、創造された価値のうち、特定の変化、ファクター、あるいは個人に由来するもの――を推定することは、効果的な報酬システムの重要な要素である。

限界効用分析を用いるコークの才能プランプロセス（第7章を参照）では、同じような仕事をしている同僚たち（特に、主要な競合他社の同様の役割を持つ人たち）の中央値かそれを上回る社員を雇用し続けることを求める。この中央値の貢献者を代表的貢献者と呼ぶことにしよう。

限界貢献度とは、代表的貢献者に期待される貢献度を上回る、あるいは下回る分の貢献度のことを言う。代表的貢献者よりも多くの価値を創造する社員は、そのビジネスに対して競争優位性を生みだすため、限界貢献度はプラスになる。逆に、代表的貢献者よりも創造する価値が少ない社員は、そのビジネスを競争上不利な状態に陥れるため、限界貢献度はマイナスになる。こういう社員が多ければ、その会社は倒産する。

リーダーは年末だけでなく、一年を通して社員のパフォーマンスを監視しなければならない。コークでは、各社員の長期的な結果に対する貢献度を把握するために、経済性の分析だけでなく三六〇度のフィードバック（各社員は直属の上司だけでなく、最も密接に仕事を共にしている仲間からも評価されることを意味する）も使う。

各社員は限界貢献度を自己評価することも求められる。これは、最良の情報を使って、プラスの貢献とマイナスの貢献を適切に認識させるためである。評価には、例えば、今ようやく成果が出始めた前年の買収への貢献のように、まだ報酬が与えられていない過去の貢献も含まれる。このようなプラスやマイナスの貢献の繰り越しは、ずっと以前に実施されたプロジェクトからのものが多い。

コークでは、基本給は社員が会社のために創造すると思われる価値に対する前払い金である。したがって、社員が基本給に反映されたものよりも多くの価値を生みだしたら、一般市場における起業家のように、その追加的価値に対する報酬が与えられる。

この方法にはいくつかある。例えば、基本給の調整、年間のインセンティブによる報酬、特別ボーナス、後払い報酬、そのほかのインセンティブなどが挙げられる。マネジャーの重要な仕事は、優れた価値を増大させるような社員を雇用し続け、彼らのやる気を引き出すことである。創造した価値に対する報酬を与えることで、会社の競争力は伸びていくのである。

利益を上げている社員にも改善の余地はある。仕事に「十分」ということはない。十分と思えば、自己満足に陥ったり、それによってパフォーマンスが低下するからである。社員の限界貢献度がどんなに高くても、上司は会社とその社員がどうすれば増加した価値から利益を得ることができるかを伝えることが重要だ。こうしたフィードバックを十分に理解した社員は、限界貢献度がさらに増大し、したがって報酬も増える。

逆に、利益を出さない社員――報酬やそのほかのコストよりも創造する価値が少ない社員や競合他社の社員の中央値よりも価値創造が少ない社員――は、企業のリソースをムダにし、価値を破壊していることになる。彼らのパフォーマンスが向上しなければ、あるいは十分な価値を提供できる役割が見つからなければ、彼らは会社を去らなければならない。

私たちのインセンティブシステムは、予算ベースのシステム、公式ベースのシステム、階級ベースのシステムに比べると管理が難しい。しかし、私たちの経験によれば、どうすればより多くの価値を創造できるかを社員に考えさせ、創造した価値に対して報酬を与えることで、彼らの会社に対する貢献度を向上させることができるのである。

間違ったインセンティブ

一般によくあるボーナスプランは間違ったインセンティブを生みだす。例えば、会社が一定の利益目標を達成したときに支払われる（貢献度の違いを考慮しない）均一の利益分配プランや、基本給の何パーセントといった固定ボーナスなどがそうである。

こういった方法の問題点の一つは、業績がトップの人が業績が悪い人と同じか、それよりも少ないボーナスが与えられるため、会社にもっと貢献しようという気にならなくなることである（自由社会では、多くの価値を創造した起業家は多くの報酬を得ることができる。これが彼らをやる気にさせる原動力である。ＭＢＭはこの点をしっかりと認識している）。

もう一つの問題点は、数年間は利益が出ないような機会を追求しないといったように、短期の目標を達成するために、長期的な価値創造につながる活動を避けることである。

企業によってはコストをコントロールするために予算を固定化するところもある。こういったシステムでは、マネジャーは利益が出る提案でも予算を超えると却下してしまうので、利益機会は失われる。また、全社で予算や人員を一〇％削減することでコストの削減を図ろうとする企業も多い。こういったやり方では、利益の出ない出費や利益を出さない社員と共に、利益の出る出費や利益を出す社員まで除去してしまうことになり、会社全体にとって利益の喪失につながり、間違ったインセンティブを生みだしてしまう。

間違ったインセンティブは会社と社員の関係によく見られる。最もよくあるのが、プリンシパルとエージェント間の問題である。これはプリンシパル（オーナー）がエージェント（コンサルタント、ブローカー、社員）を雇うときに発生することが多い。プリンシパルはエージェントにプリンシパルの最善の利益のために働くことを望むが、エージェントは彼ら自身にとって最善なことをやりたいと思う。

こうした利害の対立はさまざまな形となって現れる。プリンシパルとエージェントのリスク特性が異なる場合、問題は二つの形となって現れる。一つは、エージェントが極端にリスク回避的になることだ。これは一般に、利益の出るリスクテイクに対して十分な報酬が与えられず、堅実なリスクテイクから発生した損失に対しては過度のペナルティーが科されることによる。このため安全策を取る文化が醸成される。

第7章で書いた質問のことを覚えているだろうか。質問は、「社員は、一〇万ドルの利益が九〇％の確率で発生する投資をすべきだろうか」、あるいは「一〇〇万ドルの利益が五〇％の確率で発生する投資をすべきだろうか」というものだった。このケースの場合、会社にとって望ましいのはリスクの高い後者の投資のほうである。したがって、企業のインセンティブシステムは堅実なリスクテイクを奨励するようなものでなければならない。

過度にリスク回避的にならないようにするために、私たちはすべての価値創造に対して報酬を与え、あまりよく考え抜かれたものでなかったり、管理が不十分であったために損失が出た場合は、その分をインセンティブから差し引くようにしている。さらに、機会を見逃したために得られたはずの利益が得られなかった場合は、失敗したベンチャーから出た損失ほどではないにしても、それと同等とみなされる。

社員の報酬を決めるときは、失われた機会の価値とそのほかの欠落点を予想して、それを報酬についての判断に含めなければならない（そして、社員にその旨と報酬額を伝える）。一九九〇年代、買収に対してリスク回避指向が高まり、何人かのリーダーは質の高い資産の買収機会を見送った。見逃した機会の機会費用が計算され、彼らの評価に反映された。これによって彼らの態度は一変した。

機会費用を織り込むことで、プロジェクトの承認プロセスのムダと遅れを防ぐことができる。承認プロセスの参加者が利益逓減点を超えるリスクを軽減しようとするとき、余剰的なステップと分析とによって物事が減速する。これは承認を遅らせるため、機会が失われることもある。失われた機会を織り込むことで、承認プロセスに関与した人と会社の利害は一致しやすくなる。

一方、軽率なリスクや認可されないリスクをとる社員を考えてみよう。これはまた別のエージェント問題である。彼らはいちかばちかの賭けをすることで彼ら自身のために大金を稼ごうとする。たとえそれが会社を危機に陥れようとも構わない。こういったならず者社員は会社のお金を使って個人的な利害のために行動しているため、会社全体を崩壊させる。こうした例はこれまで何度もあった。

こういった破壊的行動を最小化するためには、社員をまず価値観と信念によって選び（第7章を参照）、適切な意思決定権を与え（第9章を参照）、その社員の成功と会社の長期的な成功を一致させることが重要だ。

間違ったインセンティブには株式上場企業特有のものもある。四半期収益報告書がそうである。株式上場企業の経営陣は、四半期収益予想を達成するという大きなプレッシャーにさらされている。なぜなら、少しでも収益予想を下回ると、株価が大幅に下落するからである。その結果、経営陣は長期的な価値を最大化させることを犠牲にして短期利益を最大化させる意思決定をしがちだ。

こうした例としては、魅力的な循環性機会や長期的機会に過少投資したり、帳簿価格の評価損を無視したりすることが挙げられるが、会計帳簿の操作までやることもある。こうした間違ったインセンティブは株式上場企業の経営を非常に困難なものにしてしまう。コーク・インダストリーズがなぜ非公開企業であることを重視するのかはこれで説明がつくはずだ。私はどんな起業家にも、たとえ会社がどんなに大きくなろうと、非公開企業であり続けるためにできることはどんなことでもやれと忠告したい。

外部のインセンティブを一致させる

本章は社員に対するインセンティブの話だが、インセンティブは、顧客、サプライヤー、請負業者、株主、代理店、エージェント、コミュニティー、政府といった企業のほかの構成要素の利害を一致させることも重要だ。これらの構成要素のインセンティブを彼らの主観的な価値観を理解することで一致させることで、私たちの成功する能力を大きく向上させることができるのである。

例えば、あなたが小売店にあなたの製品を優先的に宣伝してほしいと頼むとする。あなたは彼らのインセンティブと主観的価値観を理解し、あなたの製品を薦め、良い棚スペースを提供してくれれば来店者数が増えることを示すことで、あなたは彼らにあなたの製品を薦め、良い棚スペースを提供してくれるように動機づけることができる。

外部関係者に会社をサポートしてくれるように動機づけるためには、社員は、会社にとって最善の利益となるような方法で彼らに対応しなければならない。私たちの会社の一つでもサプライヤー、顧客、政府機関などと悪い関係を築けば、おそらくはコークのほかの会社にも害が及ぶだろう。

私たちが発見したことは、インセンティブをパフォーマンスと結びつけることで結果は必ず改善されるということである。私たちがインセンティブを社員のインセンティブだけでなく、外部アドバイザーのインセンティブとも一致させようとするのはこのためである。もちろんこれは簡単なことではない。投資銀行家、不動産ブローカーなどのアドバイザーは、彼らはプロジェクトに対して比較優位性を生みだしてみせますとは言うが、ほとんどはパフォーマンスに基づく報酬制度を受け入れようとはしない。彼らの言い分はこうだ。もしクライアントが取引を完了しなければ、支払いはなされないわけだから、インセンティブはすでに一致している。私たちはそうは思わない。

アドバイザーが利益を得るためには、彼らは私たちが独自に行ったときに達成できる価値よりも多くの価値を創造できなければならないと私たちは思っている。したがって、私たちが望むのは、アドバイザーがその利益を分かち合うという報酬制度である。売り手としては、取引の価値が予想していたものよりも低い場合、私たちはその支払いは通常の市場価格よりも少なくすることを望む。私たちは、買いか売りかとは無関係に、このフレームワークをアドバイザー契約に組み込んでいる。

一つの取引例を見てみよう。私たちはコーク・ケミカル・テクノロジー・グループが所有する小さな会社の買い手となる候補を見つけた。しかし、銀行家は潜在的な買い手プールを拡大すれば、さらなる価値を付加できると私たちに説得してきた。そこで私たちは、その銀行家の報酬を彼の言ったことが本当かどうかに基づいて上方修正、あるいは下方修正することにした。結局、彼の言ったことは正しく、私たちが独自に行ったときに達成できる価格よりもはるかに高い価格で売ることができた。そしてその起業家的銀行家には相応の報酬が与えられた。

銀行家は通常、取引の大きさによって取引価格の一～二％の手数料を求めてくる。例えば、私たちが一億ドルと見積もっている会社を売る場合、銀行家が一％の手数料を求めてきたとしよう。その銀行家はその会社を一億ドルの「保持値」で売ることができると確信している。もし販売価格が一億二〇〇〇万ドルなら、銀行家は報酬として一二〇万ドル受け取ることができる。

一二〇万ドルは一〇〇万ドルよりも高いが、ほとんどのアドバイザーは市場での最高評価を求めることで、取引が失敗したときのリスクを負いたくはないと思っている。たとえ取引が失敗する確率が低くても、だ。もしその会社を一億二〇〇〇万ドルで売ることができれば、彼女は一〇〇万ドルよりも二〇万ドル多くを手にすることができるが、一億二〇〇〇万ドルで取引が決裂するリスクは三〇％に上昇する。

私たちは彼女のリスクテイクに対する見返りとして、一億ドルを超えた最初の一〇〇〇万ドルに対しては五％の手数料を与え、次の一〇〇〇万ドルに対しては一〇％の手数料を与えるとする。このシナリオでは、成功すれば一二〇万ドルではなくて二五〇万ドルをもらえるので、是が非でも成功させようとするため、三〇％の失敗率は緩和される。価値が「二〇〇〇万ドル一手数料」だけ上昇する確率は七〇％なので、インセンティブは一致する。

企業にとって、インセンティブがそのコミュニティーのインセンティブと一致することもまた重要だ。コークでは、彼らが高く評価するものを理解することでインセンティブを一致させるように努めている。コミュニティーは、安全に活動し、環境を守り、良い仕事を提供することでそのコミュニティーをもっと良い場所にしようとする良い隣人を好む。私たちが社員に環境・労働安全衛生エクセレンスを達成するだけでなく、コミュニティーに貢献する良い市民であることを期待するのはこのためであり、私たちの価値観に一致する地方の慈善団体をサポートするのもこのためである。

私たちの活動に対する権限を持っているあらゆるレベルの政府機関に対しても同じアプローチを使う。政府代表者と交渉するとき、誠実さを持って行動し、約束は必ず守るように最善を尽くす。問題や間違いが発生したら、速やかにそれを認め、状況を是正し、問題や間違いが再び起こらないように努力することで、私たちは必ず責任を持つ。

こうすることが正しいから、こうするだけではない。コミュニティーや政府機関は、誠実さを持って行動し、環境、安全、コンプライアンスに率先して取り組んでいる企業に対しては、成長・繁栄を見守ってくれる傾向がある。理念を持った起業家精神によって新しくてより良い仕事が生みだされれば、パフォーマンスの悪い競合他社を除いて、だれもが利益を得ることができる。

有益なインセンティブシステムは、私たちの利害を一致させ、何が高く評価されているのかを知らせてくれるだけでなく、社員が真の価値創造を理解するうえでも役立つ。意味のある仕事をすることは、貢献することである。つまり、社会において価値を創造することで良い利益を生みだすことである。有益なインセンティブは、私たちみんなが生産的な生活を送れるように促すだけでなく、自分の最大の潜在能力を認識し、仕事に満足感と充実感を見いだす手助けもしてくれる。私がハードに働くのは、まさにこの満足感と充実感のためなのである。

第3部

第11章 自生的秩序——市場ベースの経営の四つのケーススタディ

「自生的秩序は、ほかのどの設計よりも社会的資源をより効率的に配分することができる」

——F・A・ハイエク（フリードリヒ・ハイエク著『ハイエク全集　第Ⅱ期第七巻　思想史論集［社会主義と科学］』［春秋社］より）

「ムッシュー、こちらは食後のミントウエハースでございます」

モンティ・パイソンのファンなら、映画『人生狂騒曲』のなかのこのジョン・クリーズの台詞を覚えているはずだ。レストランの支配人であるクリーズは、お客が大量な食事をしたあとにミントウエハースを提供するが、それを食べた途端にお客の体は大爆発する。

モンティ・パイソンの映画は、人が行動の指針として現実を基にしたメンタルモデルを使わなかったときに悲惨な結果が待っていることを鮮明に表現したものが多い。第3章で述べたように、間違ったメンタルモデルで活動する会社は最終的には失敗する。『人生狂騒曲』のなかのもう一口ならいけると思ったレストランのお客のように、実現したいと思っていることが実現するわけではない。「だれでも自分の意見を述べる権利はあるが、事実を述べる義務はないからね」と故ダニエル・パトリック・モイニハン民主党上院議員は冗談を言った（ダニエル・パトリック・モイニハン著『ダニエル・パトリック・モイニハン［Daniel Patrick Moynihan : A Portrait in Letters of an American Visionary］』より）。

もう一つバカげたシーンが映画『モンティ・パイソン・アンド・ホーリー・グレイル』に出てくる。中世の魔女狩りのシーンで、「火炙りにする魔女をどうやって探すのか」と人々に聞かれた頭の少し足りない騎士見習いの男は、詭弁を弄し「魔女が燃えるのは木でできているから」「木は水に浮く」「ほかに水に浮くものは何だ」「アヒルだ」「では、アヒルと同じ重さならその女性は魔女である」という結論を導き出した。こうして人々は火炙りにする魔女を見つける方法を得た。

現実をベースにしたフレームワークを使って問題を解決しないと結果がどうなるかは、喜劇の天才がいなくても分かることである。

これまで見てきたように、市場ベースの経営（ＭＢＭ）は現実を基にしたツールであり、社員が指図されなくてもイノベーションを起こし、問題を解決することを可能にするツールである。ＭＢＭの目的は、社員に簡単な理念と、現実に基づくメンタルモデルを提供し、それらを彼らの行動と意思決定の指針にすることで自生的秩序を生みださせることである。モデルはツールキットとして体系化され、問題解決プロセスとして使うことができる。これまでの章では、個々のツールを提示してきた。本章はそれらのツールをまとめたツールキットと考えてもらいたい。

ＭＢＭのフレームワークと問題解決プロセス

アインシュタインは「存在するものの秩序ある調和」のなかに神の存在を見た（ポール・アーサー・シルプ著『アルベルト・アインシュタイン［Albert Einstein：Philosopher-Scientist］』より）。自然世界がこれといった組織や中央計画がないのに調和して機能していることを考えれば、自生的秩序――自然の奇跡へと導く秩序――を簡単にイメージできるはずだ。ＭＢＭの意図するものは、組織の条件――構造、考え方、文化からなるフレームワーク――を設定し、奇跡を生みだす自生的秩序をもたらすことである。

組織の成員が健全なビジョンの実現に全力を尽くし、正しい人が正しい価値観、知識、権限、インセンティブを持って正しい役割に割り当てられれば、その組織は自生的秩序を生みだすことができる。

コークにおける最も重要なイノベーションの一つは、ＭＢＭのフレームワークを構成する五つの要素を適用して自生的秩序をもたらしたことである。どのイノベーションにも言えることだが、このイノベーションは実験的発見を通じて何度も改良を重ねてきた。

五つの要素を使って問題を解決すれば、問題の原因と解決方法を簡単に見つけることができる。ビジネスの新しいモデルを描くレンズとして使えば、このフレームワークは社会を変えてしまうほどの力を持つ。フレームワークの改革は一九六〇年代に始まった。ＭＢＭからどうすれば結果を得ることができるかを示すのは、ケーススタディを使うのが最も効果的だ。これから示すのはコーク内部で実際にあった四つのケーススタディである。各ケーススタディでは、五つの要素をどう適用したかを示している。

これらのケーススタディを熟読してもらえば、ＭＢＭのフレームワークがどんなタイプの会社にも、どんなビジネス機能にも、どんな問題にもうまく対応できることが分かってもらえると思う。

ケーススタディ一　「ジョージア・パシフィックの消費者製品部門」

二〇〇五年、コークは会社始まって以来の最大の買収を行った。ジョージア・パシフィック（ＧＰ）を買収するとき、この会社はひどい赤字に陥っていた。業績が改善されなければ、時を追って厳しくなる融資の約定条項（会社の財務内容についての融資提供者に対する誓約）に違反することになるような状況だった。

当時、ジョージア・パシフィック最大の部門である消費者製品部門は会社のおよそ四〇％を占めていたが、これが悪戦苦闘していた。ブランドのいくつかはマーケットシェアを失い、主要な顧客から取引を中止される危機に陥っていた。二〇〇七年、ジョージア・パシフィックの消費者製品部門は戦略パートナー（顧客）から大手の競合他社のなかで最下位にランク付けされていた。ジョージア・パシフィックの戦略は「ファストフォロワー」だった。つまり、研究開発に投資することなく、成功した製品をまねて、それを低価格で売る。これでは競争に勝てるはずはなかった。

私たちがジョージア・パシフィックを買収したのは、ＭＢＭと関連する核となる能力によってジョージア・パシフィックのビジネスのなかに価値を創造できると信じたからである。その前年のパルプ事業の買収では、この仮説が証明されただけでなく、ジョージア・パシフィックには有能な人材がおり、多くの良い資産があり、非常に有益な側面を持った文化を持っていることを確信することができた。

ジョージア・パシフィックに新しい息吹を吹き込み、変革するために、私たちはＭＢＭの五つの要素を適用することにした。まずはビジョンを変えることから着手した。

ビジョン

私たちがジョージア・パシフィックを買収する前の同社のビジョンは、南部のサザンパイン（米マツ）を低コストで価値ある製品に変換することだった。コストを低く抑えることで、ジョージア・パシフィックはイノベーターやリーダーではなく、マーケットフォロワーに成り下がっていた。

競合他社たちは次々とイノベーションを打ち立てていた。新しい製品の開発、より効果的な分析によるマーケティングの改善、新たな製造技術の開発、ロジスティックス戦略。ジョージア・パシフィックの消費者製品部門は製品の質だけでなく、マーケティングや販売能力においてもはるかに彼らに後れをとっていた。これによってマーケットシェアを失い、小売店との関係も悪化していた。

ジョージア・パシフィックを変えるには、ビジョンを「ファストフォロワー」から「イノベーティブリーダー」に変える必要があった。ビジョンを変えて初めて、エンドユーザー（消費者）に競合他社よりも優れた製品を提供できるようになると私たちは感じた。

以前のビジョンはイノベーションに投資しなかったので、ジョージア・パシフィックは赤字を埋めるためにかなり大きな投資をする必要があった。つまり、満足していない消費者のニーズを割り出しそれを理解する能力を築き、彼らを満足させられるような製品とサービスを開発する必要があるということである。

もう一つのイノベーションは、複数の製品を持つことが小売店に対してどんな価値を創造することができるのかを思い描くことだった。そのためには新たな能力を開発する必要があった。例えば、ジョージア・パシフィックの製品を買うことで客足が伸びることを小売店に証明する能力がそうである。これにはMBMのほかの四つの要素も関与してくる。

美徳と才能

ジョージア・パシフィックは全般的に見て、多くの才能ある人材とよく働く社員がいた。特に消費者製品部門はそうだった。しかし、いったんビジョンを変えると、これまでとは違ったリーダーや新たな人材が必要になった。

さらに、私たちはジョージア・パシフィックの文化のなかに多くのポジティブな価値を見た。しかし、ジョージア・パシフィックの文化は、イノベーション、起業家精神、知識の共有を含むように拡大しなければならないことは明らかだった。ジョージア・パシフィック全体もそうだが、消費者製品部門にも私たちのチャレンジ文化を採り入れる必要があった。

ＭＢＭの概念と第9章で見た意思決定権に沿って、ジョージア・パシフィックの社員たちの多くは、彼らの競争優位性に合った仕事を割り当てられた。こうすることで新しいビジョンをより効果的に実行することができるようになった。しかし、新しいビジョンを実現するためには、外部からスキルを持った多くの人材を採用する必要があった。

一つには、意思決定を一元管理するだけでなく、中央に集中させ、ストアカテゴリー（ブランドコレクション）を管理するより洗練されたアプローチを使うようになった小売店に製品を販売し、彼らと協力し合う販売力をジョージア・パシフィックは必要としていた。もう一つ必要だったのは、私たちの自社ブランド製品を、それぞれの製品が消費者と小売店に対して創造する価値に結びつけるジョイント・ビジネス・プランニング・チームである。

さらに、小売店が個々のお客の価値観を理解して満足させられるように手助けし、ジョージア・パシフィック製品が客足を伸ばすことを示す能力も必要だった。そして、消費者製品部門は、市場と競争というものをよりよく理解し、価格付けだけでなく、マーケティングのほかの側面――販売促進、テレビコマーシャル、活字メディア、デジタルマーケティング――を測定・改善するための分析能力も必要としていた。一言でいえば、ジョージア・パシフィックはより優れたより多くの知識プロセスを必要としていたわけである。

知識プロセス

私たちがジョージア・パシフィックを買収したとき、消費者製品部門は、製品やテクノロジーに対する理解だけでなく、顧客や市場に対する理解もかなり遅れていた。組織全体での実験と知識の共有が欠如し、あらゆるレベルでのチャレンジに及び腰だった。意思決定はピラミッド型で、経済的指標はたくさんあったものの、長期的な価値創造を示すものはほとんどなかった。

買収後、消費者製品部門はマーケティングや販売効率の分野で優れた知識を増やすために多額の投資を始めた。また、価格付け戦略や営業活動も改善した。これらの能力を部門別に開発するのではなく、事業レベルで開発することで、ベストプラクティスや実験に関する知識の共有が向上した。これは会社全体にとっての利益につながり、これらの能力は成長に応じて拡大・縮小が可能になった。

これまで消費者製品部門は急成長した量販店とクラブチャネル小売りと共に成長してきた。しかし、ジョージア・パシフィックの社内全体や外部と知識を共有することで、食料雑貨小売りや未開発のDIY小売り、新興のeコマースチャネルと新たな成長を刻み始めた。

知識の共有というアプローチはジョージア・パシフィックには馴染みのないものだったので、うまくいくまでには時間と労力を要した。ジョイント・ビジネス・プランニング・プロセスの導入はこれの良い例である。このプロセスでは、顧客の行動をどう理解すればよいのかについての最良の知識を小売店に持たせることに集中的に取り組んだ。製品の選択、販売計画、マーケティング投資からプラスの結果を引き出し、小売店とジョージア・パシフィックの双方のリターンを向上させた。けっして簡単な作業ではなかったが、いったんねじれが解消されると、この知識システムによって消費者製品部門では会話に変化が見られるようになり、コストコ、ウォルマート（およびサムズ・クラブ）、クローガー、ダラージェネラル、パブリックス、ターゲット、ファミリーダラーなどの主要な小売り顧客の間では消費者製品部門に対する見方が変わった。

その結果、ジョージア・パシフィックのイメージは、「最悪」のパートナーから、小売りのビジネスを改善させるための知識を持った価値ある協力者に変わっていった。

意思決定権

消費者製品部門にMBMの要素を適用しようとしていたとき、ジョージア・パシフィックの社員の多くは比較優位性のない役割を割り当てられていることが明らかになった。最良の知識を持った人材に権限が与えられず、意思決定は支出の限界価値の厳密な評価によるものではなく、予算に基づいて行われていた。予算が割り当てられていない項目は、重要ではないにもかかわらず、必要以上の承認審査が行われていた。

役割・責任・期待（RR&E）は明確ではなく、それは共有地の悲劇へとつながった。意思決定は、会社全体にとって何が最高なのかではなく、各部門にとって何が最高なのかに基づいて自己中心的に行われることが多かった。

これらの問題が解決されるまで、社員は会社全体にとって何が最高なのかに基づいて自発的に貢献することができなかった。これを是正するために、消費者製品部門は適材を適所に置き始めた。これによって責任の所在が明らかになり、最良の知識を持った人が意思決定を行えるようになった。

例えば、意思決定権をカテゴリーリーダー（複数のブランドを監視する人）やブランドマネジャーに与え、ビジネス全体を最適化するように意思決定できるようにした。カテゴリーリーダーには市場に関する知識を改善し、それをブランドマネジャー、営業、販売、マーケティング、流通、研究開発、サポートグループと共有するように義務づけた。

これは簡単で合理的なように思えるかもしれないが、実際には、これまで意思決定のほとんどを行ってきたシニアリーダーのメンタルモデルを完全に変えるという大規模な変革を必要とした。正しい人材を入手し、正しい質問を行い、チャレンジ環境を醸成し、部下に権限と報酬を与えることで、より多くの価値を創造することができ、より良い意思決定も行えるということを彼らは学んだのである。

インセンティブ

ＭＢＭを導入する前、ジョージア・パシフィックは長期的な価値創造に対する貢献よりも、予算に合うかどうかと四半期予測に基づいて社員に報酬を与えていた。社員には給与等級に従って給与が支払われ、ボーナスは公式に基づいて算出され、上限が設けられていた。

予算が立たなければペナルティーが与えられ、予算を立てても報酬には制限があった。短期的なインセンティブであったため、実験したりイノベーションを起こそうとする者はいなかった。

今、社員はそのビジネスの長期的な価値創造への貢献度に応じて報酬が与えられている。これには経常利益やROC（資本利益率）だけでなく、長期的な能力の構築に対する貢献度も含まれる。特にリーダーはMBMの基本理念の適用による文化の向上に対して報酬が与えられる。給与等級は廃止され、ボーナスには上限はなく客観的なファクターや主観的なファクターによって決められる。以前は販売チームのインセンティブは売上高に基づいていたが、今では長期的な収益性や、顧客との関係改善、顧客に対する価値創造に基づいて決められるようになった。

MBMを活用したこの変革プロセスによって消費者製品部門はより生産的でダイナミックになった。会社の未来は明るく、社員たちはだれの指図を受けることもなく正しいことを行っている。

この変革はコーク全体にとって価値のある教訓だった。私たちは常に創造的破壊を目指している。自己満足や現状を守ろうとすることはビジネスを失敗させる確実な処方箋だ。ジョージア・パシフィックの消費者製品部門は変革に着手してからも、やることはたくさんある。なぜなら、高品質で低コストの製品を提供する新たな競合他社が常に現れるからである。

価値創造のイノベーションに必要なのは良いアイデアだけではない。タイムリーに実行することも重要だ。そのためには、MBMの五つの要素が歩調を合わせて機能しなければならない。アイデアは優れていても、タイムリーに実行できないビジネスは、結局は失敗する。競合他社のパフォーマンスと同じかそれを超えるようなイノベーションを素早く起こさなければ、倒産に追い込まれるだけである。このケーススタディに示されているように、MBMのフレームワークの五つの要素の変革パワーを使うことは、避けることのできないこのプロセスの正しい側にいることを確認する一つの方法だ。

ジョージア・パシフィックのキルテッド・ノーザン・ウルトラ・プラッシュは、二〇〇八年に発売され、食料品以外の製品のトップパフォーマーで、初年度の売り上げは一億三五〇〇万ドルを超えた。二〇〇九年にはエンジェル・ソフト・バスルーム・ティッシュがジョージア・パシフィックのトップブランドになり、五二週で一〇億ドルの純収益を記録した。同じ年、消費者製品部門の純利益（金利、税金、消耗資産の償却、無形資産の償却差し引き前）は二〇〇五年に比べて八五％上昇した。これは買収前にジョージア・パシフィックが設定していた目標を大幅に上回った。

ジョージア・パシフィックの消費者製品部門はMBMを適用した結果、今では以前よりもはるかに良い状態にある。利益は上昇し、リーダーも社員も顧客、会社、社会に対して長期的な価値創造には何が必要かをよく理解している。

ケーススタディ二「保険」

二〇〇〇年代初期からコークの保険にもMBMの問題解決プロセスを適用し始め、大きな成果を上げてきた。保険料（保険非補填損失控除後）が何億ドルも節約できたのだ。

保険は、収益性は低いが、コストのかかるイベントに対する資本のセーフティーネットを提供してくれるため、企業にとっては重要だ。したがって、リスクが集中し、限られた資本しかなく、大きな借入債務があり、利益のボラティリティを減らす必要のある会社にとっては極めて有用だ。しかし、保険は利益を生みだす長期的な投資になることはほとんどない。

これは保険会社が保険の値段を、予想損失＋間接費、取引コスト、利ザヤをカバーできるように設定しているのも一つの理由だ。平均すれば、保険料は損失コストをおよそ四〇％上回っていると思われる（保険料は通常、保険金請求の数年前に投資しているという事実を含んだパーセンテージ）。コークでは保険に対するアプローチをリスク哲学に一致させるために、どのようにMBMを適用したのだろうか。必要悪と考えられるものを、どのようにして良い利益の優れた発生源にしたのだろうか。

ビジョン

標準的な第三者保険を買うというビジョンから、長期的に利益になるとき、あるいは法律（あるいは顧客やサプライヤー）によって必要とされたときのみに買うというビジョンに変更することで、コークは通常の業界慣行とはまったく異なる、利益の出る保険プログラムを開発した。一つは、私たちのリスク管理哲学を通じて損失を回避することに焦点を当てることで、オペレーショナル・エクセレンスの必要性を強化することができ、結果的に私たちの施設における安全性、環境、操業パフォーマンスは改善された。そして、操業パフォーマンスが改善されたことで、事故率は保険プールの平均的な会社の事故率を大幅に下回った。これによって保険に対する従来のアプローチの魅力は減少した。

また、さまざまな形態の「埋め込み」保険――一般的な事業活動のなかで潜在的経済リスクを緩和する方法――を評価するのに同じビジョンを適用した。この方法は多くの会社が採用している。埋め込み保険には、余分なスペアパーツを在庫として抱えること、追加的在庫、停電対策といった冗長性、リスクの共有に対する相手方への補償などが含まれる。

コストが発生したり、特定のリスクを低減するためにリターンを放棄しなければならないときはいつでも、私たちは経済的な観点に立って、保険を買うのと同等の意思決定を行う。この埋め込み保険は得になることもあれば、ならないこともある。社員は保険に関するビジョンに基づいてその分析を行う。

美徳と才能

保険に関して改訂したビジョンの価値を把握するには、何年にも及ぶ多大な作業を必要とした。共通のビジョンとリスク哲学に対して社員のいろいろな考えを一致させる必要があったが、簡単にはいかなかった。

改訂したビジョンは、主としてリーダーたちのオペレーショナル・エクセレンスとリスク最適化能力への賭けである。

私たちはたくさんの大きな投資計画を繰り広げているので、契約書に埋め込まれた保険の収益性を評価するのは特に重要である。埋め込み保険のコストを最小化する最も効果的な方法は、契約者を彼らがどれくらいのリスクを吸収できるかで選ばないことであることを私たちは発見した。

私たちは、質の高いプロジェクトを予定どおりに行うことができる契約者を選んだ。私たちが契約書において最も大きなリスクを吸収できる契約者を選んでいたときは、「ダブルコスト」を支払っていた。彼らが吸収する余剰リスクを補償するためのコストと、彼らが補償できない遅れや行きすぎから私たちが被る損失コストである。

契約書に保険を埋め込むことに同意する無能な契約者から守られている振りをするよりも、質の高い契約者のリスクを許容するほうが良いことに私たちは気づいたのである。

知識プロセス

コークのリスクを真に理解し、外部の保険がどこで有用になるのかを知ることは、保険プログラムの最適化に役立った。私たちは限界効用分析を使って、さまざまな保険プログラムに関連する経済性を理解し、コークにとって長期的な価値を創造する構造を見つけだした。保険の価値は、①保険非補填損失は通常課税控除になる、②保険でカバーできるのはごく一部である、③保険金が支払われるのは保険料を支払った何年もあとである、④保険の大きな支払い要求には交渉と訴訟が必要になることが多い――という事実によって弱まることを私たちは発見した。こうしたファクターによって、保険から実現する価値は保険契約の額面の五〇％にすぎない。

実際のリスクを考慮した場合に利益になると思われる保険以外は、第三者の保険はすべてやめたが、私たちの保険アプローチのメリットを継続的に再評価する外部知識ネットワークは依然として維持している。このネットワークを使って業界の出来事やトレンドを学習することで、リスク特性を継続的に改善できるのである。

意思決定権

コークの各事業リーダーは彼らの事業のリスクについて最良の知識を持ち、コストと利益のトレードオフを最もよく理解する立場にあるので、リスクを最適化する責任を負う。

しかし、従来の保険を買う意思決定は依然として企業レベル、つまり取締役会で行われている。なぜならこうすることで、どういった保険の購入もコーク全体のリスク特性を考慮したうえで行われることが保証されるからである。保険は個々の事業のためにあるのではなく、コーク全体の利益のためにあるのである。したがって、意思決定権はそれに応じて調整される。

埋め込み保険に関しては、意思決定権はさまざまな事業部門に与えられている。そのため、事業部門の教育や理解をさらに高める必要がある。でなければ、常に利益を生む意思決定を促すような方法で状況を評価することはできない。

インセンティブ

各社員やリーダーのリスク許容量はコーク・インダストリーズ全体のリスク許容量とはそれぞれに異なるため、だれもにコークのリスク哲学を理解させるように努めている。これは非常に重要だ。なぜなら、個人の意思決定が会社のリスク哲学に一致しなければ、それは実体のないものになり、全体として機能しなくなるからである。

例えば、火事のような事故による金銭的損失は火事を出した会社の責任であり、その会社のリーダーたちのインセンティブ報酬は減額される。つまり、各会社はその会社のリスクを理解し、適切に管理する必要があるため、インセンティブは一致する。一方、各会社に事故のコストを負担させることで、長期的に見ればさらなる利益につながるため、社員も収益性の向上によって長期的に利益を得ることができる。

保険を買うことは、間違った安心感を与える。つまり、リスクの適切な評価はしなくなり、リスクが緩和されることがなくなるということである。そういった精神安定剤のような古い毛布を取り除き、リーダーたちに結果の説明責任を持たせることで、リスクをよく理解させ、リスクを緩和して利益につなげるようなインセンティブが生まれる。

私たちの保険哲学はコークにとって有益なだけでなく、顧客、社員、コミュニティーにとっても有益なものである。火事や事故といった有害事象の発生確率を低減できない金融商品に頼るよりも、そういった有害事象を防ぐために積極的に取り組むことのほうが、だれもが幸福になり、だれもがより多くの良い利益を得ることができるのである。

ケーススタディ三　「コーパスクリスティ・コンビナート」

フリント・ヒルズ・リソーシズのコーパスクリスティ石油精製・化学コンビナートはMBMのケーススタディとして打ってつけだ。このコンビナートは一九八一年にコークが買収してから、一度ならず三度も変革された。今では売り上げは買収直後の一〇倍で、利益は二〇倍になった。コーパスクリスティは本当に素晴らしい変革を遂げた。三つの異なる課題に直面し、変化を促すために、コーパスクリスティにはMBMの五つの要素が適用された。

それは必ずしもバラ色のシナリオではなかった。一九九〇年代の一時期、石油精製ビジネスの利ザヤが「ブレークイーブン」にまで減少し、さらには「ブレークイーブン」を下回ったため、私たちはコーパスクリスティの売却を考えた。

幸いにも施設のリーダーたちが新しいアプローチを受け入れてくれたため、石油精製所は市場が最悪の状態のときにも利益を上げることができた。今では、コーパスクリスティは近くにある急成長を続けるイーグルフォード油田から利益を上げている。イーグルフォード油田の石油生産はコーパスクリスティが運用を続けるうえで不可欠なものだ。

ビジョン

石油精製事業の拡大と、石油化学製品を成長させるためのプラットフォーム作りというビジョンをかかげていたコークは、一九八一年、サン・カンパニーからコーパスクリスティを買収した。私たちはコーパスクリスティ工場の石油精製部門と石油化学製品部門のどちらも改善・拡大できると思ったからだ。買収から一七年間、私たちはこのビジョンを実現することに成功し、一九八二年には主要施設を増築し、一九九五年には第二の石油精製所を建造した。

ところが、一九九八年になると石油精製事業の利ザヤがブレークイーブンを下回り、コーパスクリスティ・コンビナートは損失を出し始めた。そこで私たちのチームは新たなビジョンを打ち出した。それは、より価値の高い製品の生産量を増やし、信頼性を高め、コストを削減するために、コーパスクリスティの構造を変えるというものだった。

これらをすべて達成したあと、コンビナートは再び利益を出すようになった。しかし、重質のサワー原油を精製するのに必要な投資を行った湾岸の石油精製所に比べるとまだまだ不利な立場にあった。

二〇〇八年、テキサス州南部で水平掘削と破砕の技術によって大きなシェール油田が新たに開発され、その急激な成長とともに、コーパスクリスティは不利な立場から有利な立場へと変わった。なぜなら、そこで掘削される原油は、競合他社よりも私たちの工場により適した軽質なスイート原油だったからである。

私たちはすぐさまそのコンビナートのビジョンを改訂した。このビジョンを実現するために、私たちはまずこの原油を買い、輸送するのに必要な組織とインフラを整備した。次に、余剰原油を米国のほかの地域の石油精製所に運ぶための手段を講じて、購買量を最大化した。そして、石油精製所を改良して、利益の少ない海外原油よりも、イーグルフォードの原油をもっと多く扱えるようにした。

美徳と才能

一九八一年にフリント・ヒルズ・リソーシズがサンの石油精製所を買収したとき、私たちの指示に厳密に従うリーダーを石油精製所に配置することが必要だった。そのために、コーパスクリスティの工場を買収したとき、新たなビジネスを始めるときのように、社員全員と面談した。

さらに、工場のリーダーたちと定期的に会議を開き、工場をどう改善・拡大していくかについてブレーンストーミングを行った。何かアイデアはないかと聞くと、ほとんどが黙ったままだった。そしてついに元サンのある社員が、以前のオーナーは改善のための資金を出すことを拒んでいただけでなく、要求に応えてくれることはなかったと言った。だから、社員たちは改善のための資金を要求しても無駄だと思うようになったのである。

そこで次の何回かの会議では、だれかが魅力的な投資を提案したら、私はその場で許可した。こうしてコーパスクリスティの文化は急激に変わっていった。これが触媒になって工場は活気を取り戻し、改善が進み成長していった。

一九九八年、工場を効果的に再構成するために、どのレベルのリーダーも新しいビジョンを理解し、懸命に取り組み、これを実現するための能力を持たなければならないことを彼らに通達した。それからリーダーたちの態度はガラリと変わった。

のちにイーグルフォードの油田規模が明らかになると、その原油を取得し、それを輸送するための設備の構築・運用に必要な人材をすぐに採用し始めた。しかし、一九九〇年代の困難を乗り切った経験は、私たちがこのチャンスを逃さず行動するための下地を作ってくれた。

知識プロセス

一九八一年、精査を行った結果、サンにはコンビナートの各部署、原材料、製品の収益性を追跡する知識システムがないことが分かった。コーパスクリスティの改善・成長を促すためにはこれを是正する必要があった。リーダー、エンジニア、オペレーターが情報に基づく意思決定を行い、アイデアを着想できるように、彼らに情報を継続的に伝達する必要があった。そこで私たちは知識システムを構築した。

知識システムは、一九九八年の株式市場の大暴落に対応し、コンビナートに必要な変革をもたらすうえで、不可欠なものだった。知識システムを構築するに当たって、まず最初にやらなければならなかったのは、各部署、原材料、現在の価格付けでの製品の収益性を評価することだけでなく、最悪の価格付けで評価することだった。これらの指標は、どういった市場状態のときにも利益を出せるように工場を再構築するのに役立った。

第8章でも見たように、良い知識システムを構築するには、貴重な情報を取得して共有するために、外部パートナーとの関係を築くことが求められることが多い。イーグルフォード油田が発見されたとき、生産者は採掘量が豊富にあるという説明をしたが、私たちにはそれを査定する方法はなかった。将来の現実的な生産量を確認するために、私たちは知識のある第三者と契約を交わし、彼らの予想が本当かどうかを確認してもらった。

豊富な採掘量があるというのは、本当であることが分かった。イーグルフォードには、一日一〇〇万バレルの採掘を求めていたが、実際にはその二倍の採掘量があった。このことを知ったおかげで、競合他社よりも先にその採掘量に対して準備することができた。

当時、問題がもう一つあった。イーグルフォードの原油が極端に軽質だったことである。コーパスクリスティは軽質原油を扱うように設計されていたが、イーグルフォードの原油はあまりにも軽質なため、重質原油とブレンドしなければならなかった。正しくやらなければ固形物が形成されてしまい、精製プロセスに悪影響を及ぼす。

これを避けるために、類似のブレンドにかかわったことのある私たちのパインベンド石油精製所の社員たちが知識と経験を提供してくれた。固形物が形成される可能性を検出する既存の分析手法は不十分であることが判明したあと、私たちの研究所はそれを検出する独自の方法を開発した。

意思決定権

コーパスクリスティでは、すべての意思決定は従業員の意見を聞かずに経営陣が行ってきた。そこで私たちはまず、意思決定をあらゆる情報源からの最良の知識を使って行えるように意思決定構造を変えた。そのために、組織全体を通じて社員が適材適所に配置されるようにした。一九九八年に石油精製品市場が崩壊したとき、ビジネスのニーズが大きく変わったため、適材適所を何度もやり直した。工場全体の役割・責任・期待を変更して、新たなビジョンと一致するようにした。さらに、この業界の収益性の低さを考え、設備投資に対する権限を減らした。

一〇年後、イーグルフォードの発展に伴い、私たちの最優先事項は、責任を持ってイーグルフォードの原油の購買量を最大化し、コーパスへの輸送設備を整えることのできる適任者を見つけることだった。この重要性を考え、私たちはフリント・ヒルズ・リソーシズ全体の原油供給と製品販売を率いていた人物をこの任務に抜擢した。私たちは彼とこの機会にかかわるすべての人に対する意思決定権を明確に設定した。

インセンティブ

これまでサンの支配下にあった文化を変える最後のピースは、コンビナートを改善・拡大するという私たちのビジョンの達成に貢献した社員に対する金銭的報酬を設定し、それを石油化学ビジネスを構築するためのプラットフォームとして使うことだった。

私たちはさっそく、新しいビジョンの実現に貢献した社員に対するインセンティブと業績給システムを作成した。その結果、一九九八年にロシア通貨危機に端を発した世界同時株安危機が発生したとき、最悪の市場状態の下、だれもがコンビナートを存続させるために必要なことを進んで行った。

今日では、社員全員がイーグルフォードが提供してくれる機会の大きさと、イーグルフォードが彼らのビジネスの長期的な将来にとって何をしてくれるのかを理解し、そこから十分な利益をつかむために懸命に働いている。

コークのインセンティブシステムの目的は、社員が起業家のように行動し、顧客、社会、会社のために価値を創造することを促し、コークのために長期的に良い利益を生みだすことは彼ら自身にとっても利益になることを理解させることであることを思い出してもらいたい。インセンティブシステムによってこれらの目的が達成されれば、ＭＢＭ全体のフレームワークは成果を上げることができる。

ＭＢＭを適用（三回以上）し、イーグルフォード油田が発展したおかげで、この施設は今では外国原油にあまり頼らなくてもよくなった（五年前は六五％の依存率だったが、今では一五％を下回っている）。ほかの改善も含め、この改革によってこのコンビナートの収益性は大幅に上昇した。

ケーススタディ四　「ジョージア・パシフィックのグリーンベイ・ブロードウエー工場」

「おやまぁ、また別なのがやってきたよ」

これは、二〇〇八年にＭＢＭが導入されたときのグリーンベイ・ブロードウエー工場の社員たちの反応だった。一九一九年にフォート・ハワード工場として設立されてから、二〇〇〇年にジョージア・パシフィックのグリーンベイ・ブロードウエー工場になるまで、このウィスコンシンの工場は何回も所有者が変わり、経営方法も文化も所有者が変わるたびに変わった。

私たちがジョージア・パシフィックを買収してから、ブロードウエー工場のチームは、ほかのジョージア・パシフィックの施設同様、現場での事故を減少させるべく懸命に取り組んできた。着実に改善されてはきたが、チームは彼らの改善率（絶対的なパフォーマンスレベル）には不満だった。

コーク・インダストリーズの傘下になったあと、リーダーシップチームはＭＢＭとその適用方法を懸命に学んだ。そして二年後の二〇〇八年秋、工場のある社員が大けがをした。これまでやってきたことは不十分だったのだ。さらに、工場で働いていた大学生が指の先端を切断してしまった。彼の母親も工場で働いていた。社員全員が彼らの味方についた。

社員が大けがをしたあと、チームはＭＢＭ、特に問題解決プロセスを適用する最初の場所は安全性であると結論づけた。彼らは危険を引き起こす原因を洗い出し、事故を防ぐことを最優先事項に掲げた。結果は驚くべきものだった。二〇〇七年から二〇一〇年まで、年間事故数は三七件から九件に減少した。

これだけでもすごいことだが、問題解決プロセスのこの適用から学んだスキルからも得るものは大いにあった。設備の故障も五〇％減少し、一社員が生産するティッシュの量は二〇％上昇した。社員を安全に保つことは価値創造のそのほかの側面と関係があるため、これは驚くにはあたらない。

ＭＢＭの基本理念と五つの要素から安全性を向上できることに気づいた社員たちは、これらの概念をほかの分野にも適用するようになった。彼らはＭＢＭを適用することで、品質、信頼性、コスト、生産性も向上できることに気づいたのである。

彼らは作業場、資産、個人のパフォーマンスに責任を持つようになり、彼ら自身や同僚たちにも説明責任を義務づけた。

この成果はすぐに現れた。彼らにとってこれは、MBMが今はやりの経営マントラなんかではなく、ほかとはまったく異なるものであることの確固たる証拠となった。

ビジョン

グリーンベイイの安全性に関するビジョンの変更からすべてが始まった。

グリーンベイイチームは、だれもケガをしない環境作りをしようと決意した。これは劇的な変化だった。古いビジョンの下では、社員は危険な環境で働くことは仕方のないことだとあきらめていた。事故というものは起こるものなのだ、と自らに言い聞かせていた。したがって、彼らは事故をなくすことよりも、業界一になることを目指していた。しかし、例の事故のあと、「業界一」になることは、社員を守るうえでの十分な基準にはならないことが明らかになった。

ビジョンを「ほかのだれよりも優れている」から「無事故」に変えるには、機械が動いているときに修理をしないようにしなければならないことを、彼らは早くから気づいていた。このビジョンを導入する以前は、機械を止めることは批判されることもあった。なぜなら、その間の生産がストップしてコストが発生するからである。今では生産は最も重要な要素ではなくなった。最も重要なのは安全性である。こうして社員は機械を止めることは正しいことなのだと思うようになった。

安全性ビジョンの変更によって、安全性がさらに高まっただけでなく、全体的なビジョンも変更され、あらゆることが改善されていった。

美徳と才能

工場のリーダーたちは、社員全員にＭＢＭを習得させるのは難しい課題であることは認識していたが、そのプロセスは彼らが考えているよりももっと難しく、時間がかかることが明らかになった。いろいろやってみたがうまくいかず、ミスも発生した。

これから学んだ重要な教訓の一つは、全社員が常に基本理念に一致した行動を取る必要があるということだった。シニアリーダーは第一線で働く管理者と定期的に会議を開き、彼らにはこの責任があることを強調した。これを受けて管理者たちはＭＢＭを工場現場に取り込み、毎日応用した。模範を示し、社員への期待を明らかにすることが重要だと彼らは思ったのである。

正直に言うと、マネジャーのなかには指揮・統制システム、つまり一番よく分かっているのはマネジャーで、社員は言われたことをやればよいというシステムを好む者もいたため、これは非常に厄介だった。

これを変えるために、全社員からの情報を集める必要があった。直属の部下たちは彼らが考えていることを上司に伝えるようになった。これは文化を変えるうえで重要なことだが、難しいことでもあった。

上司の態度が変わると、社員たちは毎日ＭＢＭを実践するという誓いを互いに立て、その様子を互いにフィードバックするようになった。

知識プロセス

社員が業務に対してより責任を持つようになると、さらなる改善を促すための別のツールが利用できるようになった。これは内部ベンチマーキングというもので、ジョージア・パシフィックのほかの工場で何がうまくいき、何がうまくいかなかったかを調べるというものである。社員たちは自分たちの進歩を記録し、ほかの工場と改善速度を競うようになった。

進歩を促すもう一つの源泉は、チャレンジを歓迎する文化を創造することだった。それまでは社員は自分たちよりも上位の権限を持つ者に対してチャレンジしようとはしなかった。上司が言うことは、それが正しいかどうかにはかかわらず、絶対だったのである。

この思考方法を変えるのは簡単ではなかった。そのためには、すべてのレベルのリーダーが、チャレンジを受け入れるだけでなく、チャレンジを歓迎し褒めたたえ、さらなるチャレンジを促すことが必要だった。

安全性の問題だけでなく、あらゆることにおいて、意思決定されたことや慣行に対して誠意をもってチャレンジすれば受け入れられることを社員が認識すると、その大きな壁は崩れ始めた。

意思決定権

工場の作業現場における各社員の役割・責任・期待が明確になると、新たなブレークスルーが起こった。社員たちには安全性やそのほかの意思決定に関して適切な権限が与えられるようになったのである。

グリーンベイの社員は各人が起業家のように行動し、作業結果を改善することが奨励されるようになった。それまでは機械が故障すると、作業員は修理工を呼んでいたが、今では作業員が権限を持っているので、彼ら自身で修理することが可能になった。

各作業員に意思決定権を与えることで、作業員自らが故障した機械を素早く修理することができる以上の文化の変化が生まれた。今では作業員は、安全性、信頼性、品質、コスト、そして収益性を含めたビジネスのあらゆる側面の改善を率先して行うようになった。

インセンティブ

パフォーマンスが向上するにしたがって、金銭的な報酬も上がっていった。

しかし、グリーンベイのインセンティブシステムにはそれ以上のことが含まれていた。安全性については、ケガをしたり他人にケガをさせないことも十分なインセンティブだったが、安全性だけでなく、社員はあらゆることに創造力を駆使し、より生産的になっていった。彼らはやりたいことを思う存分やれるようになった。より大きな意思決定権を手に入れた彼らは、結果に対して責任を持つようになった。そして、その成果に対して報酬が与えられた。これらの変化はパワフルなインセンティブを生んだ。

今では社員は尊重され、話を聞いてもらえることを認識し、改善したのは自分たち自身であることも認識している。当然のことながら、仕事に充実感を感じるようになった。改善についての話をほかの社員と自慢げに話す。喜びさえ感じると言う社員も多い。

彼らのたぐいまれな進歩を見るために工場を訪れたとき、工場内には新たな情熱が生まれているのは確かだった。工場を見学し、社員と話をする以外にも、第一線で働く管理者とも数時間にわたって話をした。

話の終わりに、彼らの一人が言った。「この工場は過去数回にわたって所有者が変わり、その都度、今月のお勧めの哲学とやらが導入されてきた。でも、MBMはこれまでの哲学とはまったく異なり、私の哲学に一致する。MBMに懸命に取り組むつもりだ。しかし、その前にあなたが本気なのかどうかを知りたい」

「私は人生のほとんどをＭＢＭに捧げてきた。あなたを抱きしめたい気分だ」と私は微笑みながら答えた。

グリーンベイのストーリーは、組織がＭＢＭを理解し一貫してそれを適用すれば変革が可能であることを示す良い例である。良い結果を生みだすことに専念する文化を創造するには、集中力、鍛錬、粘り強さが必要だ。だれもが正しいことをしたがり、正しいことが何なのかを知る自生的秩序が創造されたとき、ＭＢＭは役員室だけでなく、工場の作業現場でもしっかり機能する。そして、そうすることでみんなの生活は改善される。これが良い利益を生む必要条件なのである。

第12章　結論――押さえておきたい要点

「正しい行いをすることで、自分も良くなれる」
――ベンジャミン・フランクリンのレザー・エプロン・クラブのモットー

私のビジネス哲学は次の言葉に集約することができる――良い利益は顧客のために価値を創造することでのみ得ることができる。つまり、起業家として顧客が価値を置くものを尊重するということである。

一九七〇年代、ウィチタの経営会議でスターリン・バーナーがカンカンになって怒ったときの言葉の半分でも、本書で表現できていれば幸いだ。彼の爆発――正確に言えば、彼が爆発した理由――は当社では伝説になっている。

私たちは原油集油ビジネスを見直すために会議をしていた。ある取引からはいつもより多くの利益を得られることが分かった。会議に出席していた数人の社員が、どうやって顧客の裏をかいたかを笑いながら話し始めたそのときだった。

当時、コークの社長だったスターリンは激怒して言った。「やめたまえ！　君たちは何という的外れなことを言っているのだ！　私たちの顧客は私たちの友だちだ。彼らがいるからこそ、私たちはビジネスを続けていけるんじゃないか。友だちをからかうものではない。それは正しいことではない。もし私たちがそんなことを続ければ、友だちもいなくなり、ビジネスもなくなる。友だちを持ち、ビジネスを続けていきたければ、彼らを尊敬の念を持って扱い、信頼を築かなければならない」

そのときに私が何を言っても、拍子抜けしたものになっただろう。私は彼を静かに称賛し、心のなかで拍手喝采を送りながら、黙っていた。「さあ、話を続けようじゃないか」と彼はいつものように、みんなが沈黙したときに言う言葉を発した。

スターリンはこれを言うにふさわしい人物だった。彼は素晴らしい友情を築くためにありとあらゆることをしてきたからだ。彼はラバ飼いの吃音癖を持つ息子としてテキサスの油田地域でテント生活を始めたが、彼はコーク・インダストリーズの社長として引退し、亡くなるときは取締役会のメンバーであり、株主だった。彼はビジネス上の友人に深く感謝し、コークが彼らから得た良い利益に感謝した。そして、私はスターリンに深く感謝した。

ビジネスを複雑に考える必要などない。コークは正直にオープンに活動し、顧客に対して低価格で最高のサービスを提供し、顧客はその取引によって利益を得ることができる。スターリンを激怒させたのはビジネスの詳細ではなく、尊重と感謝の念の欠如と、ビジネスを作ってきたのは、私たちが顧客のための価値を創造するために長年にわたって築いてきた能力というよりも、それを行ってきた人々の才能の結果であるという誤った考え方に対してであった。

富は搾取によってのみ蓄積されると信じている人は、良い利益に対して極端な反応をする。しかし、良い利益を複雑に考える必要はない。良い利益とは、搾取によって手に入るものではなく、他人のために価値を創造することによって手に入るものなのである。

良い利益は理念を持った起業家精神、つまり他人の生活が向上するのを手助けすることによって手に入るものなのである。良い利益は他人の幸福をそぐものではなく、顧客が価値を置くものを尊重し、互いに有益な自由意思による取引によって幸福を増大させるものである。こういった取引はゼロサムゲームではなく、ウィン・ウィンの関係を築くものである。

「コーク・インダストリーズの価値とは何か」と聞く人がいるが、この種の質問は本当に重要なことを見逃している。重要なのは、コークは理念を伴ったやり方で他人に対し価値を創造しているか、である。私たちの会社としてのメリット、そしてすべての会社にとってのメリットは、後者の質問に対する答えで決定されるべきである。

社員が最良の知識を使ってイノベーションを起こし、良い意思決定を行い、そしてコークが顧客と社会のために優れた価値を創造するためのツールや哲学として市場ベースの経営（MBM）を使うようになった今、素晴らしい結果を達成でき、巨大な良い利益を得ることができるようになった。

奇跡のさまたげになるもの

MBM哲学の何十年にもわたる開発・適用を通じて、私たちはトーマス・エジソンに負けないくらい「うまくいかないもの」を発見してきた。MBMを作成する過程では、うまくいくものよりもうまくいかないもののほうがはるかに多かった。

そうした苦境の一つは、MBMがホリスティック（総合的）なシステムであることを認識しない人がいたことである。MBMの真のパワーは、形式やその部分部分ではなく、根底にある哲学と統合的な適用である。MBMの概念だけあるいは手順だけを理解している人は、この点を誤解しているだけでなく、間違った適用をしてしまう傾向がある。

このため、まずリーダーが結果を得るためにMBMを理解し総合的に適用しようと懸命に努力し、個人的な知識を増やしていく必要がある。こうして初めて、組織はMBMをうまく適用することができるのである。個人的な知識を増やしていくには、まず基本的な概念を理解することから始まる。そして、習慣や思考プロセスを変えていく。

とは言っても、これは口で言うほど簡単ではない。人間の性質を考えると、リーダーや実践者の行動はその哲学に一致しないことが多い。この問題は、政府、宗教団体、非営利団体、ビジネスを含めどういったタイプの組織においても歴史を通して存在してきた。こうした問題は、不信感、実体よりも形式を重んじる、官僚制度、指揮統制、破壊的・利己的な行動といった結果を生んできた。MBMを適用しようという人々も例外ではない。

もう一つの過ちは、MBMの一般原理を教え、有用なツール（モデル）を提供するのではなくて、既定の詳細なステップに沿ってMBMを適用しようとすることである。こうした誤った適用は、科学に基づく基準を設定したあとは、個人にそれに合うように良い方法を徐々に発見させていくのではなくて、ムダな規制を敷き、特定の方法を強要する政府と同じワナに私たちをはめてしまう。

リーダーのなかには、私たちの哲学に逆らって、内部手順からの比較的害にならないような逸脱をコンプライアンス違反と同じように扱う者もいる。これは致命的な誤りだ。なぜなら、MBMが効果を発揮するのは、リーダーがMBMを厳格なルールではなくて理念として理解し適用するときだけだからである。彼らがMBMを理念として理解し適用するとき、MBMは組織内において官僚制度が自然成長するのを防止する役割を果たすのである。

リーダーは多大な影響力を持ち認知度も高いため、不適切な人物が事業やサービスグループや現場のリーダーになっているとき、失敗は避けられない。コークでも、MBMの基本理念の模範とならないような人物をリーダーに据えたことで、大きな問題が発生したことがあった。

企業が十分に具体的なビジョンを持たなかったり、その組織にとって受容される指針として十分に理解されるビジョンを持たなかったりした場合、また別の問題が発生する。適切なビジョンを構築するためには、リーダーは、多様な知識を持ち建設的な考え方ができ、顧客が何に価値を置くのかを理解し、優れた価値を構築するのに必要な能力を理解している内外の人々にそのビジョンに積極的に取り組ませなければならない。

私たちのプロジェクト分析プロセス、すなわち意思決定フレームワークができるだけ簡単に、しかし簡単すぎないような方法で適用されるように設計されているのはこのためだ。残念ながら、意思決定フレームワークは時として面倒だったり複雑だったりするため、良いプロジェクトを妨げることもある。したがって、知識の収集や分析は非常に重要だが、正確で健全な意思決定をするのに必要なこと以上のことをするのはムダになり、機会を逃すことにもなりかねない。これは、リーダーが意思決定において不必要な作業を除外することで簡単に解決することができる。

MBMが厳格な公式として、あるいは規範的なプロセスとして官僚的に適用されれば、それはMBMでなくなってしまう。このワナにはまらないようにするためには、MBMの最終ゴールは、社員が細かいことに異論を唱えてイノベーションを起こせるように、一般的なルールのみを設定することで自生的秩序を生みだすことであることを、私たちは常に心に留めておかなければならない。

そのほかの間違った適用には、ＭＢＭを無意味なキャッチコピーにしてしまうことが挙げられる。あるいは、だれかがすでにやっていること、あるいはやりたいことを正当化するのに使ってしまえば最悪だ。また、経営陣によって提供される概念を、結果を改善するためのツールではなくて、「チャールズのための図」のように目的にしてしまうのもＭＢＭのゆがんだ使い方だ。

こうした落とし穴を避けてＭＢＭを効果的に使うには、理解力と洞察力を持って、こうした誤った適用を早期に正すことのできるリーダーを選ぶように最大限の努力をしなければならない。

ＭＢＭの基本と哲学に初めて接した人々は、言葉や用語や定義にとらわれてしまう嫌いがある。ＭＢＭを広範にわたって導入したあと、彼らの役割に特に関連する概念を理解する時間を与え、これらの概念を真の問題に適用させ、すみやかにフィードバックを与えることが重要だ。

ほかの企業で経験を積んできた新入社員がＭＢＭに初めて接したとき、彼らはＭＢＭの概念にすぐに同意し、彼らの思考方法や行動がすでにＭＢＭに一致していると拙速な結論を出すことが多い。これはＭＢＭの習得と適用を遅らせる。彼らの成長を促すには、ＭＢＭが彼らのそれまでの経験とはまったく違うことを理解させることである。

一番良いのは、やりながら学ぶことである。しかし、それは始まりにすぎない。トレーニングは重要だ。トレーニングは、試行錯誤を重ね、フィードバックを得ることで継続的に学ぶことに取って代わることはできない。実際の経験こそが、MBMの効果的な適用についての深い理解につながるのである。

MBMを導入するときに避けるべき誤り

私たちが買収した会社にMBMの経営を適用するに当たっては、多くの教訓を学んだ。ほかの企業はビジネス哲学も異なれば、経営方法も異なるため、MBMに切り替えさせることはコークの既存の企業を改善するよりも、はるかに難しい。

企業を買収するとき、多くのギャップが存在し、改善の機会も多く存在する（私たちはその企業について多くを学ぶ必要があり、その社員をよく知る必要があるため、ギャップはさらに拡大する）ため、すべてを一気に修正しようとする傾向がある。これはリーダーたちに大きな負担を与える。

何をするかも重要だが、優先順位を決めることもまた重要だ。あなたがあなたの組織――チームであれ、施設であれ、事業部門であれ、会社全体であれ――にMBMを適用するとき、三つのステップに沿って適用するとよい。三つのステップとは、数値化、単純化、優先順位を決める、である。

まず最初に、すべての機会と直面している問題を洗い出し、価値の大きさによって数値化する。その次に、これらの数値を使ってリストの数を扱いやすい数にまで減らす。そして最後に、緊急性と価値の大きさに基づき、リストの項目の優先順位を決める。

これが終わったら、次に述べる一般アプローチに従ってMBMを導入する。

●シニアリーダーに対してMBMの導入セミナーを開催する。
●本書を組織全体に配布し、質問を募り、議論を促し、社員にMBMを受け入れる準備をさせる。
●あなたがMBMを導入しようと思っている事業や現場に、MBMを導入した経験を持つリーダーを置き、彼（彼女）の役割・責任・期待（RR&E）に対してMBMを採用する。こうすることでその事業や現場の成長は加速される。MBMの導入には、人材、コンプライアンス、法務、ビジネス開発が欠かせない。
●MBMの導入を十分に理解させるためにシニアリーダーをトレーニングする。そして、社員に基本理念を理解させるためにシニアリーダーに個人指導を行わせる。
●文化を査定し、ギャップを見つけ、ギャップを埋めるための優先順位を設定する。
●MBMの目的は価値創造であることを常に強調する。概念だけを延々と学び、実行しないのは無意味であることを忘れてはならない。

●ＭＢＭをいくつかの重要なチャレンジと機会に応用する。こうした応用に成功すれば、概念の妥当性とパワーに対する信頼が生まれる。

●人事のリーダーを性能開発プランの構築と適用に積極的に参加させる。

●ＭＢＭの報酬哲学の実践は、インスピレーションと実質的な違いを生みたいと切に思う気持ちをはぐくむような形で行わなければならない。

●仕事で実際にＭＢＭを適用できる人に、選択的にビジョン開発、比較優位性、創造的破壊、チャレンジ、機会費用、主観的価値、役割・責任・期待といったＭＢＭメンタルモデルを導入させる。

●それがどんなに難しいことであろうとも、ＭＢＭの基本理念とかみ合わないような価値観を持つリーダーは排除する。こうしたリーダーを速やかに処分しなければ、危険であるだけでなく、社員の間に混乱が生じ、ＭＢＭの導入は遅れる。

●ＭＢＭを導入するときは、ペースと焦点を常に調整し、繰り返しが重要であることを認識する。

「ＭＢＭは本当に外部に導入できる経営システムなのか」とか「コークを成功に導いたのは本当にＭＢＭなのか、それともコークの成功はＣＥＯ（最高経営責任者）によるものなのか」という疑問を抱く人々の疑問に応えることで本書を締めくくりたいと思う。

こうした疑問を抱くのも当然だと思う。

まず二番目の疑問だが、第11章のケーススタディで述べたような問題の解決には、私は一切かかわっていないことをはっきりと申し上げたい。私は成功したあとで姿を現し、その成功を称えただけである。本書の多くの例、特に第11章のケーススタディを見ると分かるように、MBMの成功は、アメリカ中西部の正直な住民であるチャールズ・コークとは無関係である。コーク・インダストリーズの成功は莫大な遺産によるものではないのか、とかそのほかの間違った理論が飛び交っているが、こういった話は単なる噂話にすぎない。

大会社の文化を変えるのは一人ではできない。多くの人が学習し、実験を積むことで可能になることである。理論と実践を統合することが不可欠である（これは私の母校であるMIT［マサチューセッツ工科大学］のモットー「心と手」の本質を表すもの。ラテン語では「Mens et manus」）。

最初の疑問については、私は確かに私の学習や人生における経験、特定の知識に基づいてMBMを構築した人物の一人だが、私に言えることは、どういった企業のリーダーでも全力を尽くせばMBMを成功に導くことができるということだけである。私はこれまでいろいろな企業のいろいろなリーダーがMBMを成功に導く姿を何百回と見てきた。彼らがMBMを成功に導く姿を見ると、心から喜びを感じ、光栄に思う。

私のところには毎日多くのメールが寄せられる（脅迫状もある。二〇一四年だけで一五三件の脅迫状が送られてきた）。元社員からコークで働く機会を得たことで人生が変わったという多くの手紙をもらった日は、私にとって最高の一日になる。仕事を充実させるには、そして意味のある人生を送るには何が必要なのかをコークで学ぶことができたと彼らは書いてくる。

最も感動した手紙はウィチタのバッド・スノッドグラスからのものだった。彼は一九八〇年から一九九八年までコークで働き、主にコーク・リファイニングで販売とマーケティングに携わった。退職から一七年後、彼は次のように書いてきた。「あなたのマーケット哲学と顧客哲学を共有できたことを心から感謝しています。これはビジネスにおける私の考え方だけでなく……人生における考え方を形成するのに役立ちました」

彼はあることを告白して手紙を締めくくった。「コークで初めて働き始めたころ、あなたは私に非常に大きなプラスの影響を与えました。それで私とスーは最初の息子にあなたの名前を付けました。このことは、あなたにもコークのだれにも話したことはありません」（バッド・スノッドグラスから著者への手紙。二〇一五年一月八日付）

私の名前は、私の父に大きな機会を与え、懸命に働いて意味のある人生を送るために真の貢献をしてきた人物にちなんで付けられたものだ。そんな私のような人間にとって、子供に私の名前を付けてもらえるとは、これほど感動的なことはない。

理念を持った起業家精神によって得た良い利益について考え続けている人に私が言いたいのは、どんな企業も「創造的破壊の永続する風」を弱めようとするのではなくて、他人のために真の価値を創造することによってのみ利益を得るべきだということである。

私たちが資本を増やし、ビジネスを増強しようと努力している主な理由は、顧客、コミュニティー、社員、社会全体に対してより多くの貢献をするためである。

私たちの情熱を見つけ追求する機会こそが、私たちが受け取ることのできる、あるいは後世に伝えることのできる最大の贈り物である。本当に豊かになるということは、意味のある人生を送ることである。これは私がまだ若いころに学んだことだ。私はこの遺産をみんなと共有したいと思っている。みんなが輝かしい達成感を経験する機会が持てることを心から祈っている。

謝辞

コーク・インダストリーズが今ある姿になったのは、ひとえにわが社の社員のおかげである。過去七五年にわたる彼らの努力を称えたい。特に、過去五〇年にわたって、市場ベースの経営（ＭＢＭ）を効果的なフレームワークに開発するのを手助けしてくれた人々に感謝する。コークの成功はこのフレームワークの賜物である。また、弟のデビッドとマーシャル一族にも感謝する。彼らの貢献、忠誠、支持なくしては、コーク・インダストリーズが成功することはなかっただろう。

また、本書を刊行するに当たっては、コーク内外の人々から貴重な情報をいただいた。彼らに感謝する。特に編集に当たってくれたバーナデット・サートンとロッド・ラーンドには深く感謝する。本書が読みやすく、消化しやすいものに仕上がったのは彼らのおかげである。間違いや見落としがあったとすれば、それは私のミスである。

付録A――コークの主な事業グループ

●フリント・ヒルズ・リソーシズ

石油の精製、化学物質、ポリマー、留分、アスファルト、液体天然ガス、穀物加工、エタノール、バイオ燃料

●コーク・ミネラルズ

バルク固体コモディティーの取引・流通・調査・生産、油田・精炭事業

●コーク・サプライ・アンド・トレーディング

コモディティー取引とリスク管理サービス

●コーク・パイプライン

原油、精製製品、エタノール、天然ガス液、化学物質のパイプライン

●コークAg・アンド・エネルギー・ソリューションズ
窒素肥料などの植物養分、効率改善製品の製造・流通・取引、天然ガスと電力供給事業

●コーク・ケミカル・テクノロジー・グループ
物質移動装置、バーナーおよびフレア、公害防止装置、熱交換器、膜分離システム、エンジニアリング・建設事業

●インビスタ
ナイロンファイバー、ポリマーおよび中間体、エンジニアリングポリマー、エアバッグ繊維、スパンデックス、特殊化学製品および原材料、加工技術のライセンス供与

●ジョージア・パシフィック
消費者製品、不織布、パッケージング、ボール紙、マニラボール、綿毛、市販パルプおよび溶解パルプ、構造用パネル、木工製品、石こう製品、化学薬品、リサイクリング

●モレックス
電子システム、電気システム、光ファイバー送電線システム

付録B――コークが撤退したビジネス

活性炭
大気質コンサルティング
アンモニアパイプライン
動物飼料
ブロードバンドトレーディング
ビジネス航空機
カナダのパイプライン
二酸化炭素
クロマトグラフィー
炭鉱
商業貸付
冷却塔
原油の収集
低温システム
浚渫機製造
掘削リグ
ヨーロピアンティッシュ
肥育場
ガラス繊維強化製品
硫酸
タンカー
テレコミュニケーション
テニスコート舗装
トラック輸送
ベンチャーキャピタル
金融商品
ガス液の収集
ガスパイプライン

ガス処理
穀物製粉
穀物取引
映像伝送
食肉加工
医療機器
マイクロエレクトロニクス化学製品
パーティクルボード
パフォーマンス道路
ピザ生地
プラチナ取引
ポリエステル（コモディティー）
プロパンガス小売り
ガソリンスタンド
スラグセメント
硫黄工場の設計

付録C――コークが取引している製品

●農産品

肉牛
ココア
トウモロコシ
綿花
ブタ
大豆
砂糖
小麦

●エネルギー

電力
排出権
LNG（液化天然ガス）
天然ガス

●肥料

無水アンモニア
効率改善製品
リン酸肥料
カリ
尿素硝安肥料
尿素

●金融

社債
株式
外為
金利
地方債
不動産

●林産物

ベニヤ板
パルプ・紙
再生繊維
木材
古紙
ウッドチップ

●中間原料

エタノール

軽油
ナフサ

●金属
アルミニウム
アルミニウム合金
銅
金
鉄鉱石
鉛
ニッケル
銀
鋼鉄
スズ
亜鉛

●鉱物
セメント
石炭
探鉱・産出鉱区
石油コークス
スラグ
硫黄
および、鉱物の輸送

●天然ガス液
ブタン
エタン
天然ガソリン
プロパンガス

●油田製品
化学製品
グアー
プロパント

●石油化学製品
ベンゼン
クメン
エチレン
メタキシレン
メタノール
オルトキシレン
パラキシレン
プロピレン
プソイドクメン
トルエン
くず繊維、廃ポリマー

●石油

コンデンセート

原油

●石油精製品

ディーゼル燃料

燃料油

ガソリン

ジェット燃料

残油

■著者紹介

チャールズ・G・コーク（Charles G. Koch）

1967年からコーク・インダストリーズの会長兼CEOで、『フォーブス』の米国長者番付け第４位。コーク・インダストリーズを米国で２番目に大きな非上場企業へと成長させた。コーク・インダストリーズの現在の企業価値は1000億ドル。コーク・インダストリーズとは、カンザス州ウィチタに本社を置き、1940年にウッド・リバー・オイル・アンド・リファイニング・カンパニーとして創業。世界60カ国で10万人を超える社員を抱え、そのうちの６万人は米国内勤務。2009年１月から、コーク・インダストリーズは安全、環境優良度、コミュニティーへの貢献、イノベーション、カスタマーサービスの分野で1000を超える賞を授与された。

■監修者紹介

長尾慎太郎（ながお・しんたろう）

東京大学工学部原子力工学科卒。北陸先端科学技術大学院大学・修士（知識科学）。日米の銀行、投資顧問会社、ヘッジファンドなどを経て、現在は大手運用会社勤務。訳書に『魔術師リンダ・ラリーの短期売買入門』『新マーケットの魔術師』など（いずれもパンローリング、共訳）、監修に『高勝率トレード学のススメ』『ラリー・ウィリアムズの短期売買法【第２版】』『続マーケットの魔術師』『続高勝率トレード学のススメ』『ウォール街のモメンタムウォーカー』『グレアム・バフェット流投資のスクリーニングモデル』『システマティックトレード』『株式投資で普通でない利益を得る』『成長株投資の神』『ブラックスワン回避法』など、多数。

■訳者紹介

山下恵美子（やました・えみこ）

電気通信大学・電子工学科卒。エレクトロニクス専門商社で社内翻訳スタッフとして勤務したあと、現在はフリーランスで特許翻訳、ノンフィクションを中心に翻訳活動を展開中。主な訳書に『ロケット工学投資法』『投資家のためのマネーマネジメント』『高勝率トレード学のススメ』『勝利の売買システム』『フルタイムトレーダー完全マニュアル』『新版　魔術師たちの心理学』『資産価値測定総論１、２、３』『テイラーの場帳トレーダー入門』『ラルフ・ビンスの資金管理大全』『テクニカル分析の迷信』『タープ博士のトレード学校　ポジションサイジング入門』『アルゴリズムトレーディング入門』『クオンツトレーディング入門』『スイングトレード大学』『コナーズの短期売買実践』『ワン・グッド・トレード』『FXメタトレーダー4 MQLプログラミング』『ラリー・ウィリアムズの短期売買法【第２版】』『トレードコーチとメンタルクリニック』『トレードシステムの法則』『トレンドフォロー白書』『スーパーストック発掘法』『出来高・価格分析の完全ガイド』『アメリカ市場創世記』『ウォール街のモメンタムウォーカー』『グレアム・バフェット流投資のスクリーニングモデル』『Ｒとトレード』『ザ・シンプルストラテジー』『システマティックトレード』（以上、パンローリング）、『FORBEGINNERSシリーズ90　数学』（現代書館）、『ゲーム開発のための数学・物理学入門』（ソフトバンク・パブリッシング）がある。

2016年11月３日　初版第１刷発行

ウィザードブックシリーズ㉔②

市場ベースの経営
――価値創造企業コーク・インダストリーズの真実

著　者　チャールズ・G・コーク
監修者　長尾慎太郎
訳　者　山下恵美子
発行者　後藤康徳
発行所　パンローリング株式会社
〒 160-0023　東京都新宿区西新宿 7-9-18-6F
TEL 03-5386-7391　FAX 03-5386-7393
http://www.panrolling.com/
E-mail　info@panrolling.com
編　集　エフ・ジー・アイ（Factory of Gnomic Three Monkeys Investment）合資会社
装　丁　パンローリング装丁室
組　版　パンローリング制作室
印刷･製本　株式会社シナノ

ISBN978-4-7759-7211-3